지식 제로에서 시작하는 수학 개념 따라잡기

Newton Press 지음
다카하시 슈유 감수
이선주 옮김

청어람e

들어가며

미적분(미분과 적분) 같은 건 도대체 누가 만든 거야! 학창 시절 수학 시간에 이런 불평을 한 번쯤은 해보았을 것이다. 중고등학교에서 배우는 수학 중에서 가장 많이 포기하는 단원 중 하나가 미적분이다.

미적분이 탄생한 데는 나름의 이유가 있다. 16~17세기 유럽에서는 대포 탄환을 맞추기 위해 포탄의 궤적 연구가 활발히 진행되고 있었다. 포물선을 그리며 날아가는 포탄은 계속해서 진행 방향이 변한다. 따라서 움직이는 진행 방향을 계산할 수 있는 '새로운 수학'이 꼭 필요했고, 이게 훗날 미적분이라는 이름을 갖게 된다.

미적분을 발명한 이는 23세 청년 아이작 뉴턴이었다. 이 책은 뉴턴이 미적분을 발상한 시점부터 완성하기까지의 과정을 따라가면서 소개할 것이다. 매우 흥미로운 이야기를 많이 준비했으니 누구든 재미있게 읽고 배울 수 있다. 지금부터 미적분의 세계에 푹 빠져보자!

차례

들어가며 3

미적분이란 무엇일까?

0 미적분이란 무엇일까? 10

칼럼 알기 쉬운! _ 뉴턴의 발견과 생애 12

칼럼 뉴턴은 이런 사람 _ 만유인력의 법칙을 발견! 14

제1장 미적분이 탄생하기까지

1 대포를 명중시켜라! 포탄의 궤도를 연구하다 18

칼럼 총알을 피할 수 있을까? 20

2 좌표를 사용하면, 선을 수식으로 나타낼 수 있다! 22

칼럼 꿈속에서 답을 얻은 데카르트 24

3 좌표의 등장으로 포탄의 궤도를 수식으로 나타내다! 26

4 함수란 두 변수의 관계를 나타내는 것 28

5 계속 변하는 진행 방향을 정확하게 알 수 있을까? 30

6 접선은 미분법의 중요한 열쇠다 32

7 접선은 운동하는 물체의 진행 방향을 나타낸다 34

네 칸 만화 뉴턴 이곳에 오다 36

네 칸 만화 운명 예감 37

제2장 뉴턴의 미분법

1	접선을 그으려면 어떻게 해야 할까?	40
2	곡선은 작은 점이 움직이는 자취이다!	42
3	한순간에 점이 움직인 방향을 계산으로 구한다	44
4	뉴턴의 방법으로 접선의 기울기를 구해보자 ①	46
5	뉴턴의 방법으로 접선의 기울기를 구해보자 ②	48
6	곡선 위의 어느 점에서라도 접선의 기울기를 알 수 있는 방법 ①	50
7	곡선 위의 어느 점에서라도 접선의 기울기를 알 수 있는 방법 ②	52
칼럼	뉴턴은 이런 사람 _ 개가 태워버린 원고!	54
8	미분하면 '접선의 기울기를 나타내는 함수'가 생긴다!	56
9	미분법을 사용하여 $y=x$를 미분하자	58
칼럼	뉴턴은 이런 사람 _ 고양이 전용 출입문을 만들었다고!?	60
10	함수를 미분하면 보이는 법칙은?	62
11	미분하면 '변화의 모습'을 알 수 있다!	64
12	고등학교 수학에서 배우는 접선 긋는 방법은?	66
13	미분에서 사용하는 기호와 계산 규칙을 확인하자!	68
칼럼	트위터는 미분을 활용한다!	70
칼럼	뉴턴은 이런 사람 _ 연금술에 푹 빠져 있던 수학자	72
네 칸 만화	전국 데뷔	74
네 칸 만화	포물선	75

제3장 미분과 적분의 통일

1	적분법의 기원은 2000년 전 고대 그리스!	78
2	적분의 개념으로 행성 운동 법칙이나 통의 부피를 구한다	80
3	17세기에 적분의 기법이 정교해졌다	82
칼럼	로마네 콩티는 왜 비쌀까?	84
4	직선 아래의 넓이는 어떻게 나타낼까? ①	86
5	직선 아래의 넓이는 어떻게 나타낼까? ②	88
6	곡선 아래의 넓이는 어떻게 계산할까? ①	90
7	곡선 아래의 넓이는 어떻게 계산할까? ②	92
8	함수를 적분하면 보이는 법칙은?	94
9	뉴턴의 대발견으로 미분과 적분이 하나로!	96
10	적분에서 사용하는 기호와 계산 규칙을 확인하자!	98
11	적분하면 생기는 적분 상수 'C'란?	100
12	정해진 범위의 넓이를 구하는 방법	102
칼럼	배터리 잔량은 적분으로 계산	104
칼럼	창시자를 둘러싼 진흙탕 싸움	106

제4장 미적분으로 미래를 알 수 있다

1 접선의 기울기가 '속도'를 나타내기도 한다 110

2 로켓의 고도를 예측해보자! 112

3 속도의 함수를 적분하면 고도를 알 수 있다! 114

4 계산대로 찾아온 핼리 혜성 116

Q 사랑 고백 곡선! 118

A 고백 대성공!? 120

네 칸 만화 그 나무 122

네 칸 만화 귀환 123

칼럼 뉴턴은 이런 사람 _ 해변에서 놀고 있는 소년 124

미적분이란 무엇일까?

미적분(미분과 적분)은 과학의 역사 속에서
매우 혁명적인 수학의 기법이다.
영국의 천재 과학자 아이작 뉴턴(1642~1727)은
이 미적분의 창시자 중 한 명이다.
이 장에서는 미적분이란 무엇인지,
뉴턴은 어떤 인물이었는지를 간단하게 소개한다.

0 미적분이란 무엇일까?

미적분은 어떤 일의 변화를 계산하는 수학

'미적분'이라는 단어를 들으면 보통 어떤 느낌이 드는가? 수준 높은 수학에서 미적분이 어떤 역할을 하는지 궁금한 사람도 있을 것이다. 미적분은 영어로는 calculus라고 한다. '계산(calculation)의 방법'이라는 뜻이다. 인공위성의 궤도, 태풍의 진로 예측, 경제 상황의 변화 등을 알고 싶을 때 미적분으로 계산한다. 현대사회의 근본을 떠받치는 수학적 계산 기법이라고 해도 과언이 아니다.

쉽게 말하면, 미적분은 사물이 어떻게 '변화'하는지를 계산하는 수학이다. 예를 들어 발사된 포탄의 속도를 알면 미적분을 이용하여 그 포탄이 몇 초 후에 어디를 얼마의 속도로 날고 있는지를 계산할 수 있다. 이처럼 미적분을 이용하면 '미래'를 예측할 수 있다.

창시자는 아이작 뉴턴!

영국의 천재 과학자 아이작 뉴턴은 미적분을 발견한 사람 중 한 명으로, **23세에 혁명적인 수학 이론인 미적분을 발견했다.** 지금부터 뉴턴을 따라가며 미적분의 발상부터 완성하기까지의 과정을 알아볼 것이다.

미적분으로 미래를 예측

미적분이 등장하면서 비로소 날아가는 포탄이나 천체와 같이 움직이는 물체의 시시각각 변하는 위치나 속도를 정확하게 계산할 수 있게 되었다.

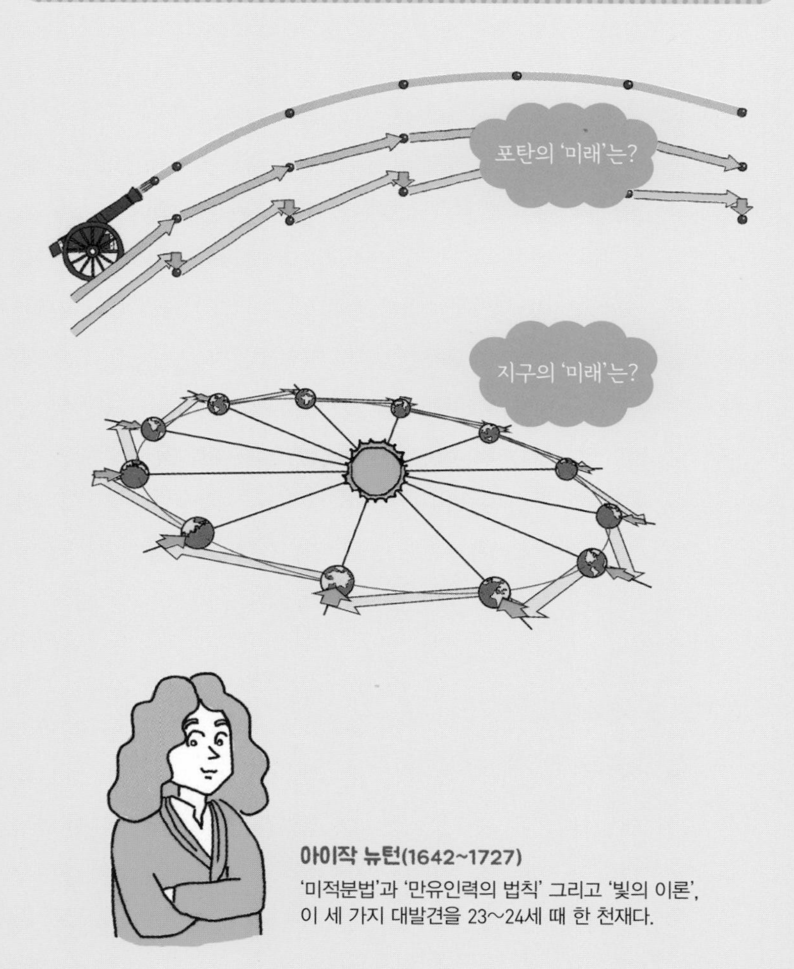

아이작 뉴턴(1642~1727)
'미적분법'과 '만유인력의 법칙' 그리고 '빛의 이론',
이 세 가지 대발견을 23~24세 때 한 천재다.

알기 쉬운!

뉴턴의 발견과 생애

아이작 뉴턴은 미적분의 발견뿐 아니라 전 생애에 걸쳐 몇 번이나 과학사를 다시 쓸만한 성과를 올렸다. **물리학자로 유명하지만 위대한 수학자이기도 하며, 신학자나 연금술사로도 알려져 있다.**

뉴턴은 18세에 명문 케임브리지대학에 진학했다. 대학에 다니면서 이탈리아 천문학자이자 자연 철학자인 갈릴레오 갈릴레이(1564~1642)나 프랑스의 철학자이자 수학자인 르네 데카르트(1596~1650)의 책을 열심히 읽었다. 미적분의 발견으로 이어지는 수학 지식도 이때 쌓게 되었다.

대학생이던 1665년, 런던에 페스트(페스트균이 일으키는 전염병)가 크게 유행하자, 뉴턴은 고향으로 돌아가 조용한 환경에서 연구에 몰두한다. **그 결과 1665년에서 1666년에 걸쳐 '미적분법', '만유인력의 법칙', '빛의 이론'을 연이어 발견했다. 이 시기를 훗날 '기적의 해'라고 부른다.**

영국
울즈소프
케임브리지
런던

연표

1642년(탄생)	12월 25일 크리스마스에 영국의 울즈소프에서 탄생
1661년(18세)	케임브리지대학에 입학
1665~1666년 (23~24세)	'미적분', '만유인력의 법칙', '빛의 이론'을 발견 (기적의 해)
1669년(27세)	케임브리지대학의 수학 교수로 임용
1670년 전후	연금술(여러 물질을 화학적으로 금으로 변화시키는 방법) 연구에 몰두
1671년(29세)	반사망원경을 제작하여 국왕에게 제공
1684년(42세)	'만유인력의 법칙'을 해설한 저서 『프린키피아(자연철학의 수학적 원리)』 집필 시작
1687년(45세)	『프린키피아』 출판
1693년(51세)	신경쇠약 발병
1704년(62세)	저서 『광학』 출판. 이 책의 부록 「구적론」에서 미적분에 관한 성과 발표
1705년(63세)	여왕에게 '기사' 칭호를 받음
1727년(84세)	결석으로 런던의 자택에서 사망. 런던의 웨스트민스터 사원에 묻힘

주 : 표의 날짜는 현대의 그레고리력이 아니라 당시에 사용하던 율리우스력이다.

미적분학(calculus)을 발견한 저는
84세에 결석(이것도 영어로 calculus)으로
생애를 마감했답니다.

뉴턴은 이런 사람

만유인력의 법칙을 발견!

뉴턴의 가장 유명한 업적 중 하나는 '만유인력의 법칙'의 발견이다. **만유인력의 법칙은 지구 위에 있는 사과든 우주에 떠 있는 달이든 모든 물체(만물)는 질량에 비례하는 힘으로 서로 당기고 있다는 것이다.** 지구와 우주에서 작용하는 물리법칙이 완전히 다르다고 생각하던 당시의 상식을 근본부터 뒤집는 혁명적인 생각이었다.

하지만 뉴턴은 논쟁에 휘말리는 것을 싫어했기 때문인지 자신의 성과를 별로 공표하지 않았다. 만유인력의 법칙은 45세에 출판하여 과학사상 가장 중요한 책 중 하나로 일컬어지는 『프린키피아(자연철학의 수학적 원리)』를 통해 널리 알려지게 되었다.

뉴턴은 나무에서 떨어지는 사과를 보고 만유인력의 법칙을 생각해냈다고 알려져 있다. 실제로 울즈소프에 있는 뉴턴의 생가 정원에 사과나무가 있다. 하지만 이 일화가 진실인지는 확실하지 않다.

아이작 뉴턴

제1장
미적분이 탄생하기까지

미적분은 17세기에 뉴턴이 발명했다.
그러나 미적분의 모든 것을 처음부터
뉴턴이 발명한 것은 아니다.
제1장에서는 미적분이 탄생하기 전
앞선 학자들의 노력을 살펴본다.
갈릴레오나 데카르트라는 유명인이 등장한다.

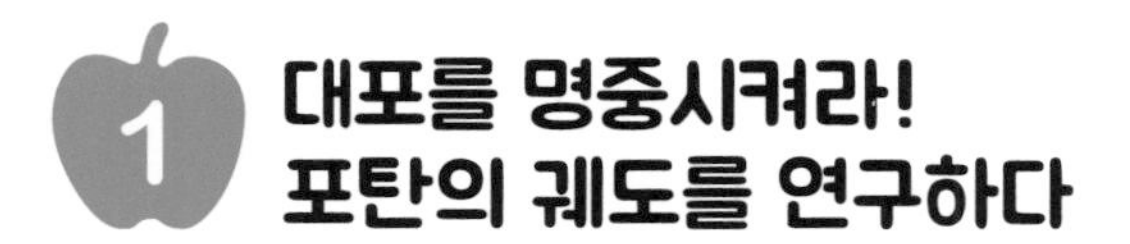

1 대포를 명중시켜라! 포탄의 궤도를 연구하다

포탄의 궤도는 어떤 모양일까?

16~17세기 유럽의 각 국가에서는 유럽의 패권을 둘러싸고 끊임없이 전쟁을 하고 있었다. 그 때문에 **강력한 힘을 가진 대포를 목표물에 명중시키기 위해 포탄의 궤도 연구가 활발히 진행되고 있었다.** 포탄의 궤도 연구는 나중에 미적분의 발전으로 이어진다. 포탄의 궤도가 어떤 형태를 그리는지에 대한 의문에 답을 낸 것은 이탈리아의 천문학

포탄의 궤도는 포물선을 그린다

포탄의 '상하 방향'의 속도를 잘 살펴보면, 처음에는 위쪽으로 향하면서 서서히 느려지다가 결국 0이 된다. 그 후로는 아래쪽을 향해 점점 빨라진다.

수평 방향의 속도

자이자 자연 철학자인 갈릴레오 갈릴레이(1564~1642)였다.

갈릴레오는 속도를 두 가지로 나누어 생각했다

공중에 쏘아 올린 포탄은 만약 지구의 중력이 없으면 발사된 방향으로 곧게 날아간다. 이것을 '관성의 법칙'이라고 한다. 그러나 실제로는 지구에 중력이 작용하기 때문에 포탄은 지면을 향해 떨어진다. 갈릴레오는 이 현상을 포탄이 날아가는 속도를 수평 방향과 아래 방향(중력을 받는 방향)의 두 가지로 나누어 생각했다. **그리고 수평 방향의 속도는 변하지 않고 아래 방향(상하 방향)의 속도만 시간이 지날수록 빨라진다는 것을 밝혀냈다.** 이러한 운동의 결과로 포탄의 궤도는 '포물선'을 그리게 된다.

아래 방향의 속도
포탄뿐 아니라,
물체를 던질 때의 궤적도
포물선을 그린단다.
주 : 실제로는 공기저항이 있어 포탄의 궤도가
완벽한 포물선이 되지는 않는다.

총알을 피할 수 있을까?

미적분의 발명으로 수많은 물체의 변화를 계산할 수 있게 되었다. **속도를 알면 총이나 대포에서 발사된 탄환이 몇 초 후에 어느 지점을 어떤 속도로 날고 있을지도 알 수 있다.**

그러면 총이나 대포에서 발사된 탄환을 피할 수 있을까? 44 매그넘이라는 권총에서 발사된 탄환의 속도는 약 360m/s, 라이플총에서 발사되었다면 700~1100m/s 정도다. 탱크의 대포는 1800m/s 이상인 것도 있다. 음속은 340m/s이므로 탄환은 소리보다 빠르게 도착한다. **즉, 미적분으로 탄환의 궤도를 미리 안다고 해도 탄환이 발사되었을 때의 소리를 듣고 미리 탄환을 피하기는 불가능하다.**

단, 빛의 속도는 약 30만km/s 정도이므로 빛은 탄환보다 빠르게 도착한다. 탄환이 발사될 때 불꽃이나 연기가 보인다면 탄환을 피할 수 있을지도 모르겠다.

음속	340m/s
44 매그넘	약 360m/s
라이플총	700～1100m/s
탱크의 대포	1800m/s 이상

2 좌표를 사용하면, 선을 수식으로 나타낼 수 있다!

좌표는 위치를 숫자로 나타낸 것이다

17세기에 들어서면서 미적분의 발전에 빼놓을 수 없는 '좌표' 개념이 등장한다. **좌표란 평면 위의 위치를 원점을 기준으로 '가로'와 '세로'의 거리로 나타낸 것이다.** 지도의 위도, 경도와 같은 개념이다. 수학에서는 흔히 원점에서 이어진 가로축을 x축, 원점에서 이어진 세로축을 y축이라고 부르며 x와 y값의 쌍으로 나타낸다. 예를 들어 원점은 x와 y가 모두 0이므로 원점의 좌표는 $(x, y) = (0, 0)$이다.

선을 x와 y의 식으로 나타낼 수 있다!

좌표를 사용하면 직선이나 곡선을 x와 y의 식으로 나타낼 수 있다. $(x, y) = (0, 0), (1, 1), (2, 2), (3, 3)$, ……을 지나는 직선은 $y=x$로 표현된다(오른쪽 그림 ①).

마찬가지로 $(x, y) = (0, 0), (1, \frac{1}{3}), (2, \frac{2}{3}), (3, 1)$, ……을 지나는 직선은 $y=\frac{1}{3}x$가 된다(오른쪽 그림 ②).

$(x, y) = (0, 0), (1, 1), (2, 4), (3, 9)$, ……을 지나는 곡선은 $y=x^2$이 된다(오른쪽 그림 ③). $(x, y) = (1, 10), (2, 5), (4, \frac{5}{2}), (5, 2)$, ……을 지나는 곡선은 $y=\frac{10}{x}$이 된다(오른쪽 그림 ④).

선을 x와 y의 식으로 나타낸다

①의 $y=x$인 직선은 x와 y의 값이 같은 점을 지나는 직선이다. ②~④의 식도 직선이나 곡선이 지나는 점의 x와 y의 관계를 나타내고 있다.

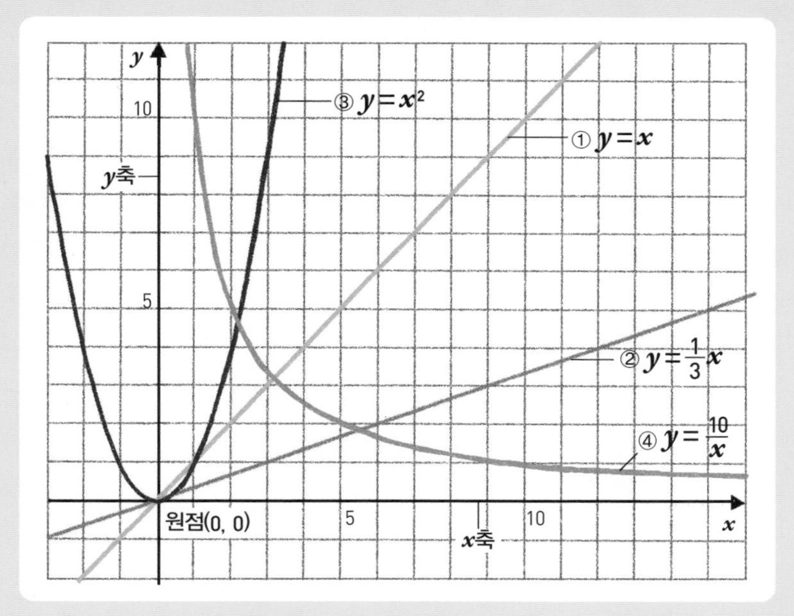

수식은 특별한 사정이 없으면 'y =……'의 형태로 나타내는 것이 일반적이랍니다.

꿈속에서 답을 얻은 데카르트

좌표를 발명했다고 알려진 인물은 프랑스의 철학자이자 수학자인 르네 데카르트(1596~1650)다. **데카르트는 어느 날 밤 꿈속에서 좌표를 사용하여 도형과 수식을 연관 짓는 것에 관한 실마리를 얻었다고 한다.**

1637년 데카르트는 저서『이성을 올바르게 이끌어 여러 학문에서 진리를 탐구하는 방법의 서설. 그리고 이 방법의 시행인 굴절광학, 기상학, 기하학』(『방법서설』로 더 많이 알려져 있다)을 익명으로 출판했다. "나는 생각한다. 그러므로 나는 존재한다"라는 데카르트의 유명한 명제도 이 책에 등장한다.

데카르트는 조금이라도 이상하게 생각되는 것을 철저하게 배제하여 의심 없는 진리를 탐구하겠다고 생각했다. **그 결과 모든 것이 의심스럽다고 해도 의심스럽다고 생각하는 자신은 확실하게 존재한다는 사실을 깨달았다.** 이것이 "나는 생각한다. 그러므로 나는 존재한다"라는 말의 의미이다. 바로 데카르트 철학을 형성하는 제1 원리이다.

주 : 실제 데카르트의 좌표는 x축과 y축의 두 개가 아니라 하나의 축이었다.

3 좌표의 등장으로 포탄의 궤도를 수식으로 나타내다!

포탄의 위치를 좌표로 나타내자

포탄의 발사지점을 원점으로 하고 x축을 발사지점에서 수평 방향의 거리, y축을 높이로 두면 발사된 포탄이 그리는 포물선을 x와 y의 식으로 나타낼 수 있다.

먼저 포탄의 위치를 좌표로 나타내보자. **발사지점에서 20m 떨어진 거리에서 포탄의 높이가 19m였다고 가정하자.**

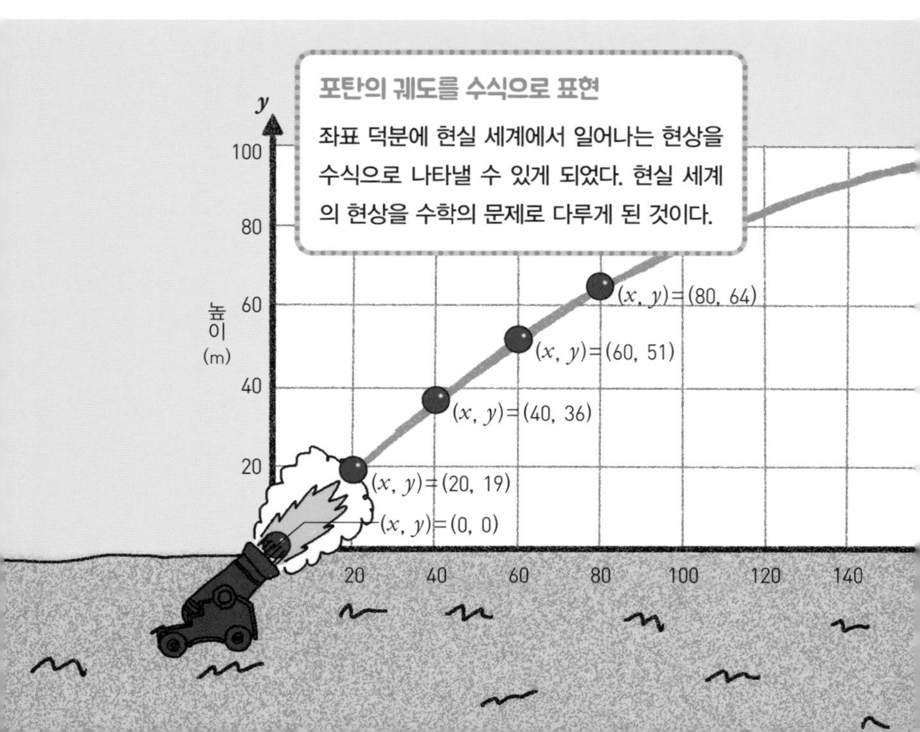

이것은 좌표로 $(x, y) = (20, 19)$로 나타낼 수 있다. 그다음에 통과한 지점인 거리 40m, 높이 36m인 곳의 좌표는 (40, 36)으로 나타낼 수 있다.

포물선의 식에 좌표의 값을 넣어보자

포탄의 궤도는 '포물선'이다. 포물선은 $y = ax^2 + bx + c$ 라는 형태의 수식으로 나타낼 수 있다. y와 x는 변화하는 수(변수)이고 a, b, c는 하나의 값으로 정해진 수(상수)이다. **앞에서 나온 좌표의 값 (x, y)를 이 수식에 대입하여 계산하면 $a = -\frac{1}{400}$ 이고, $b = 1$, $c = 0$임을 알 수 있다.** 따라서 이 포탄의 궤도는 $y = -\frac{1}{400}x^2 + x$라는 수식으로 나타낼 수 있다.

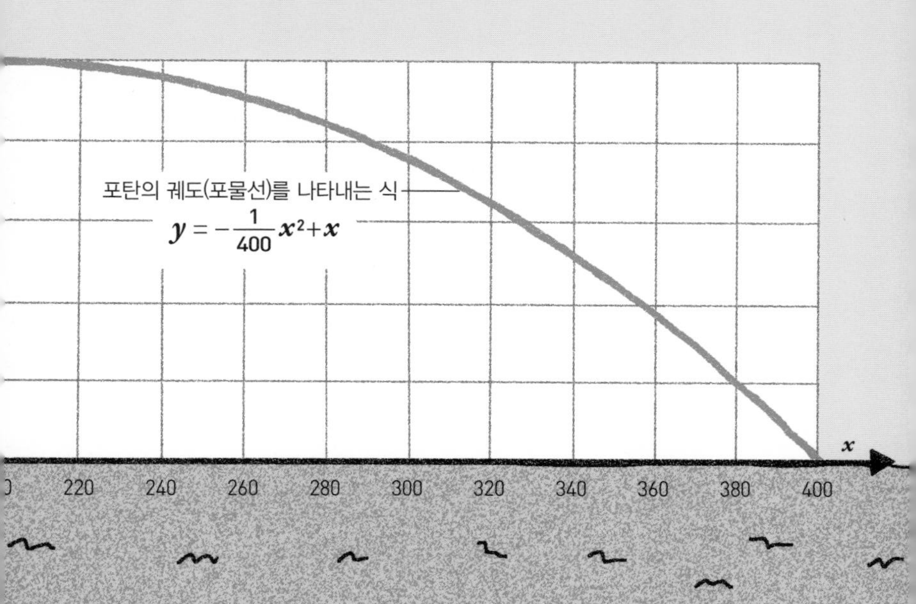

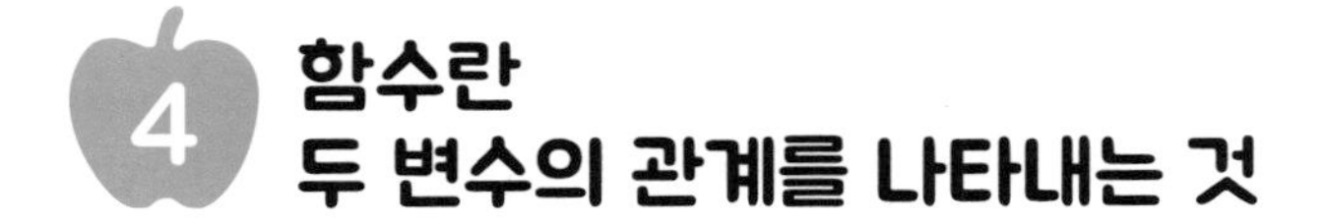

4 함수란 두 변수의 관계를 나타내는 것

한 변수의 값이 정해지면 다른 한쪽도 정해진다

앞에서 포탄의 발사지점으로부터의 거리를 x라고 하면 포탄의 높이 y는 $y=-\frac{1}{400}x^2+x$로 나타낼 수 있다고 소개했다. 예를 들어보자. 발사지점으로부터 거리가 100m인 지점을 날고 있는 포탄의 높이는

$y=-\frac{1}{400}\times 10000+100=75$m가 된다.

이렇게 두 변수가 있고, 그중 한 변수의 값이 정해지면 나머지 한 변수의 값이 정해지는 대응 관계를 '함수'라고 한다.

$y=-\frac{1}{400}x^2+x$ 에서는 변수 x의 값이 정해지면 다른 한 변수 y의 값도 정해지므로 'y는 x의 함수이다'라고 표현한다.

'함수'라고 부르기 시작한 사람은 라이프니츠

함수는 영어로 '기능', '작용'이라는 뜻의 function이다. **'y가 x의 함수이다'라는 말을 function의 머리글자 f를 사용하여 $y=f(x)$로 표현한다.** 뉴턴과 함께 미적분의 창시자로 알려진 독일의 철학자이자 수학자인 고트프리트 빌헬름 라이프니츠(1646~1716)가 함수의 개념과 비슷한 것을 라틴어 functio로 부르기 시작한 데서 유래했다.

함수는 신기한 주머니

함수는 '어떤 수를 넣으면 안에서 정해진 계산을 하고 그 계산 결과를 돌려주는 신기한 주머니'라고 할 수 있다.

함수의 이미지

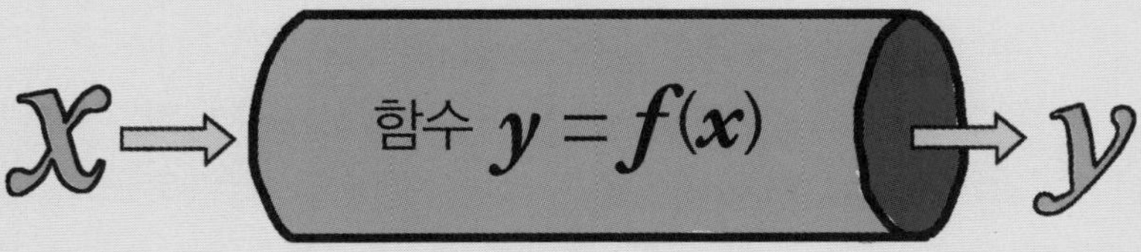

x → 함수 $y = f(x)$ → y

구체적인 함수의 예

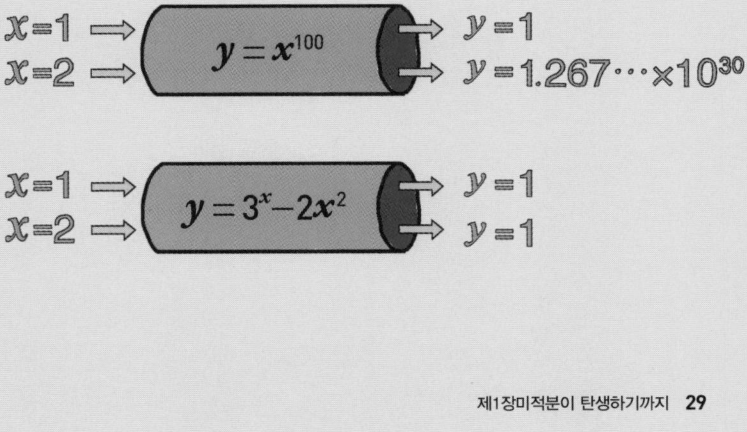

$x=1$ → $y = 3x + 2$ → $y=5$
$x=2$ → $y = 3x + 2$ → $y=8$

$x=1$ → $y = x^{100}$ → $y=1$
$x=2$ → $y = x^{100}$ → $y=1.267\cdots\times10^{30}$

$x=1$ → $y = 3^x - 2x^2$ → $y=1$
$x=2$ → $y = 3^x - 2x^2$ → $y=1$

5 계속 변하는 진행 방향을 정확하게 알 수 있을까?

포탄의 진행 방향은 계속 변한다

공중을 날아가는 포탄의 궤도를 수식으로 나타내면 발사지점으로부터의 거리(x)와 높이(y)를 계산할 수 있다. 그렇다면 다음 물음에 답할 수 있을까? **발사된 포탄의 '진행 방향'은 시간이 흐름에 따라 어떻게 변할까?**

위쪽으로 비스듬히 발사된 포탄의 진행 방향은 그림처럼 서서히

포탄 진행 방향의 변화
포탄의 진행 방향은 계속해서 변한다. 당시에는 그런 변화의 모습을 계산으로 구할 수학적 방법이 없었다.

아래쪽을 향하게 된다. 발사 순간과 발사 1초 후의 포탄 진행 방향은 다르다. 아주 짧은 순간인 0.0001초 후에도 진행 방향은 달라진다.

◆ 계속 변하는 진행 방향을 알 수 있는 새로운 수학이 필요해지다

포탄의 궤도를 나타내는 수식으로는 포탄이 어떻게 진행 방향을 바꾸면서 날고 있는지는 알 수 없다.

끊임없이 변하는 진행 방향을 정확하게 알기 위해서는 변화하는 모습을 계산으로 구할 수 있는 '새로운 수학'이 필요했다. 이 '새로운 수학'이 바로 다음에 등장하는 '미분법'이다. 그리고 미분법의 중요한 열쇠가 되는 것이 다음 쪽에서 소개할 '접선'이다.

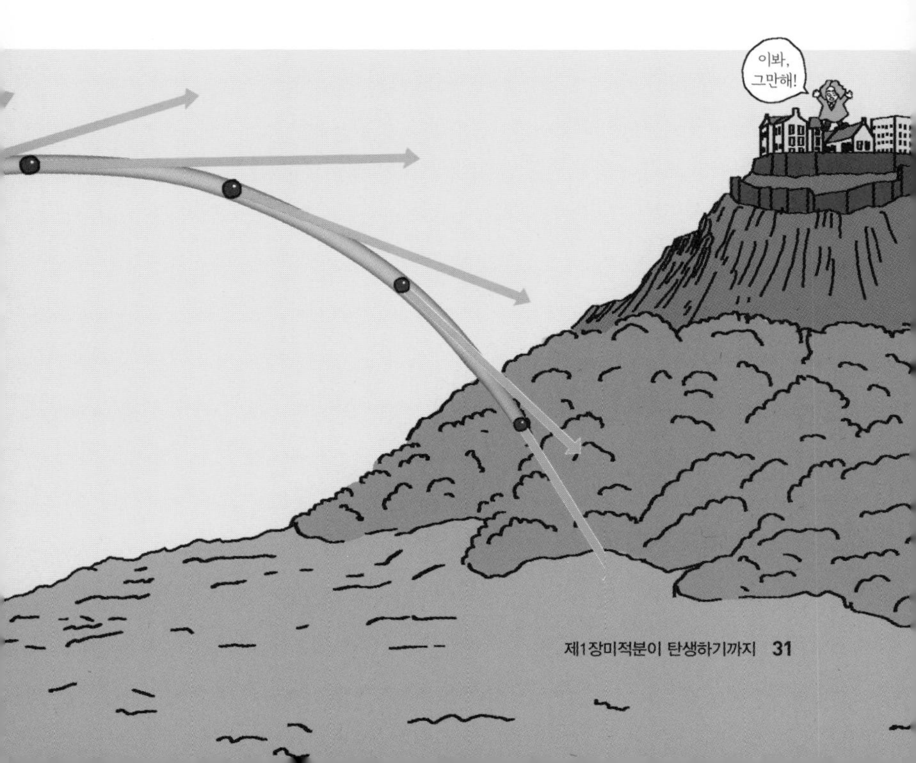

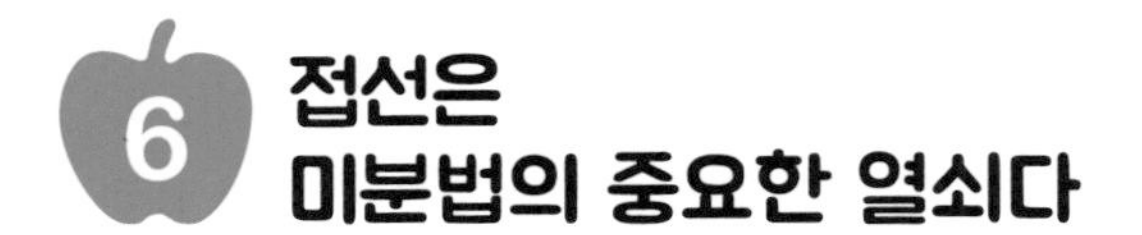

6 접선은 미분법의 중요한 열쇠다

원 위의 한 점에서 만나는 직선이 원의 '접선'이다

포탄의 진행 방향이 어떤 모습으로 변하는지 알려면 어떻게 해야 할까? 그 열쇠가 되는 것이 '접선'이다.

원을 향해 직선을 조금씩 이동하면 원과 직선이 한 점에서 만나는 순간이 있다. **이때 만나는 점을 '접점'이라고 하며 만나는 직선을 '접선'이라고 한다**(아래 그림의 분홍색 직선).

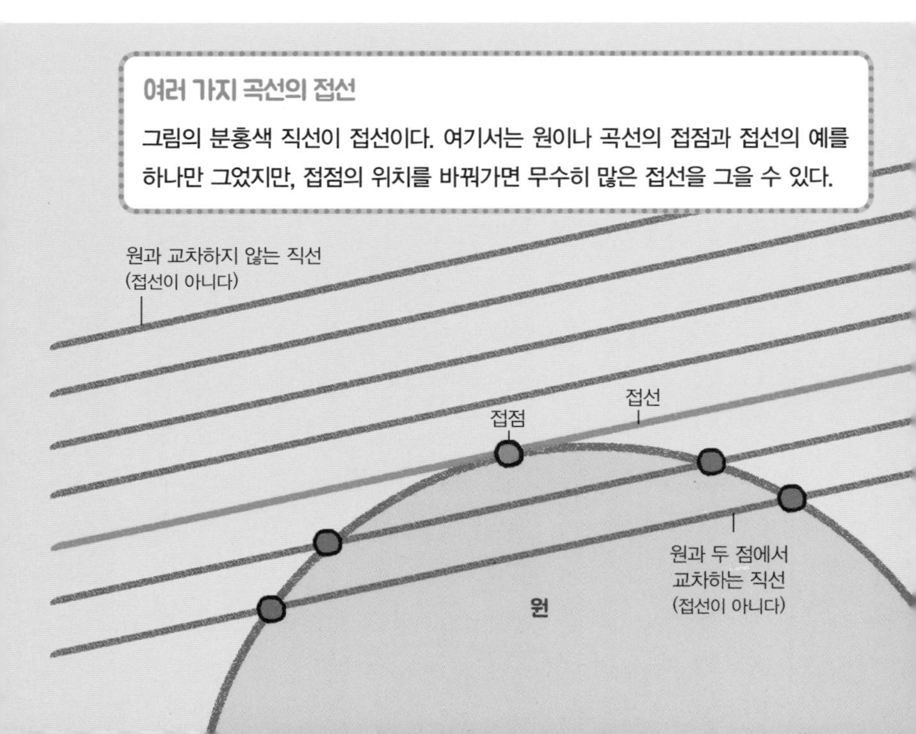
여러 가지 곡선의 접선
그림의 분홍색 직선이 접선이다. 여기서는 원이나 곡선의 접점과 접선의 예를 하나만 그었지만, 접점의 위치를 바꿔가면 무수히 많은 접선을 그을 수 있다.
원과 교차하지 않는 직선
(접선이 아니다)
접선
접점
원과 두 점에서
교차하는 직선
(접선이 아니다)
원

원과 교차하지 않거나 두 점에서 교차하는 직선은 원의 접선이 아니다. 또, 하나의 접점에서는 하나의 접선만 그을 수 있다.

한 점에서 그을 수 있는 접선은 하나뿐이다

포물선(2차 곡선)의 접선도 원과 마찬가지로 한 점에서 만난다. 두 점에 교차하는 직선은 포물선의 접선이 아니다. 그런데 아래의 오른쪽 그림과 같은 곡선(3차 함수)은 접선이라도 곡선과 두 점에서 교차한다. 접선 중에는 곡선과 두 점 이상에서 교차하는 것도 있으니 주의가 필요하다.

중요한 것은 어떤 곡선이라도 곡선 위의 한 점, 즉 접점에서 그을 수 있는 접선은 하나뿐이라는 성질이다.

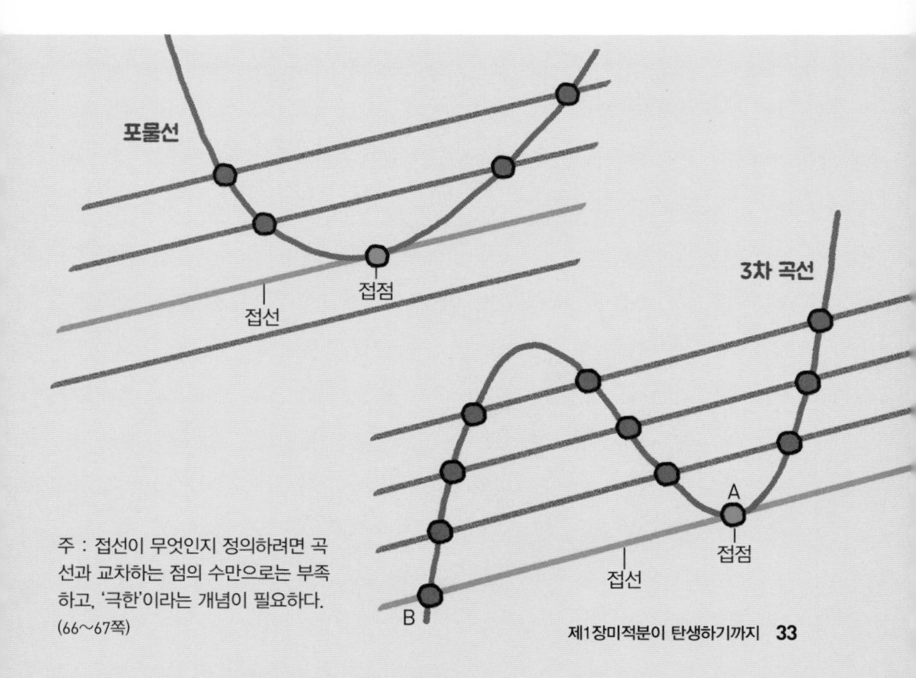

주 : 접선이 무엇인지 정의하려면 곡선과 교차하는 점의 수만으로는 부족하고, '극한'이라는 개념이 필요하다. (66~67쪽)

7 접선은 운동하는 물체의 진행 방향을 나타낸다

물체는 접선 방향으로 진행하려고 한다

운동하는 물체의 궤도에 그은 접선은 매 순간의 진행 방향을 나타낸다. 예를 들어보자. 해머 던지기에서는 사람이 자신의 몸을 중심으로 해머를 원운동 하게 하고 그 힘을 실어 내던진다. 원운동을 하는 해머는 매 순간 원의 접선 방향을 향해 나아가려고 한다. 그 증거로, 줄을 놓으면 해머는 원의 접선 방향으로 날아간다(아래 오른쪽 그림).

해머의 진행 방향

원운동 하는 해머는 줄에 의해 중심을 향해 당겨지므로 원운동을 계속한다. 중심 쪽으로 당기는 힘이 사라지면 해머는 접선 방향으로 날아간다.

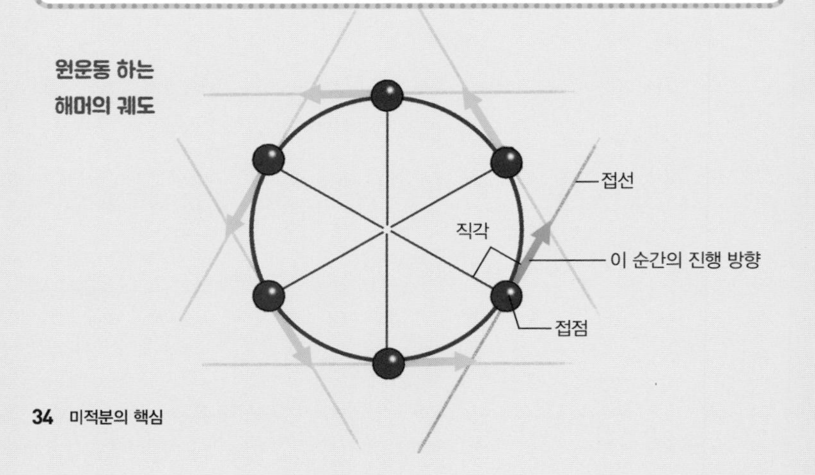

접선이 특정 순간의 진행 방향을 나타낸다는 것은 포물선을 그리는 운동에서도 마찬가지다. 대포의 포탄처럼 포물선을 그리며 날아가는 물체는 매 순간 포물선의 접선 방향으로 나아가려고 한다.

◆ 접선 문제 발생!

곡선의 모든 점에서 접선을 계산할 수 있다면 진행 방향이 어떻게 변하는지 정확하게 알 수 있다. 이 문제를 '접선 문제'라고 하는데, 당대 최고의 수학자인 데카르트나 페르마도 이를 풀기 위해 무척 열심히 노력했지만, 완전히 해결하지는 못했다. 이 접선 문제에 답을 낸 사람이 바로 뉴턴이다.

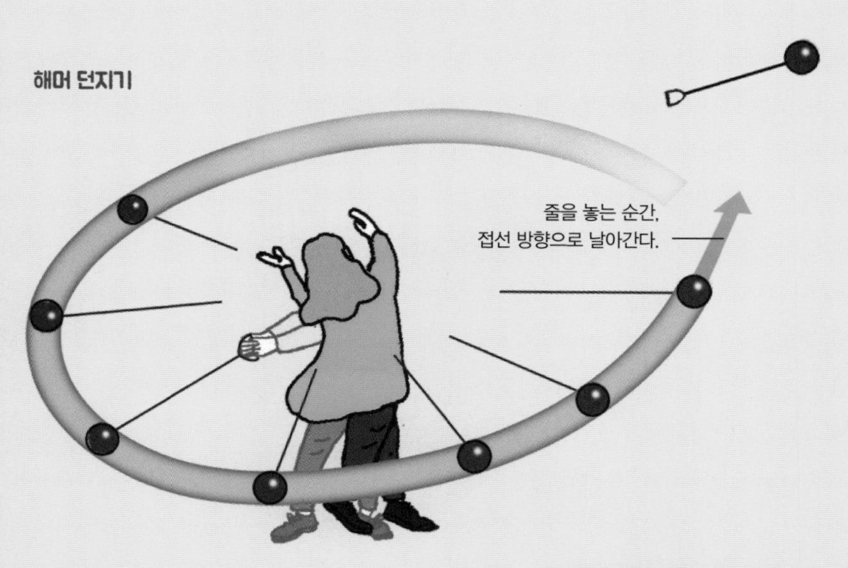
해머 던지기
줄을 놓는 순간,
접선 방향으로 날아간다.

뉴턴 이곳에 오다

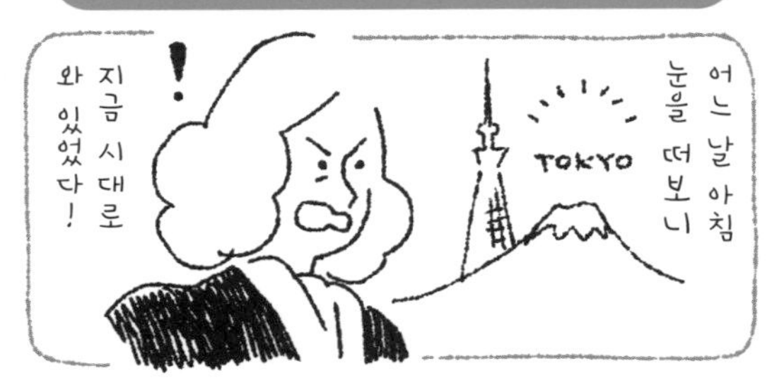
어느 날 아침
눈을 떠보니
TOKYO
!
지금 시대로
와 있었다!

서점

NEWTON
최신호
뉴……!?

Newton

운명 예감
재미있다…
거기 형님
Newt
머리 좀 만져 드릴까요?
그러든지
Newto
와우! 멋져요!!
……
저 아마추어 밴드 하는데 같이 안 하실래요?
……

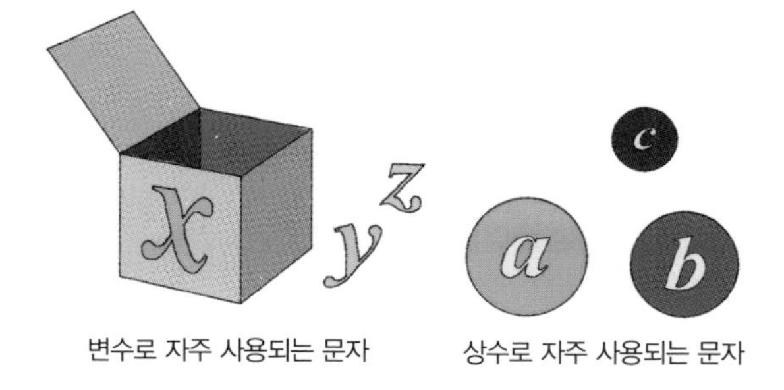

변수로 자주 사용되는 문자

상수로 자주 사용되는 문자

제2장
뉴턴의 미분법

학자들을 고민하게 한 '접선 문제'에 마침내 뉴턴이 답을 내놓았다.
접선 문제를 해결한 뉴턴은 '미분법'도 만들고 완성했다.
미분법이란 접선의 기울기를 구하는 방법이다.
제2장에서는 뉴턴이 어떻게 미분법을 만들었는지 살펴본다.

1 접선을 그으려면 어떻게 해야 할까?

곡선에 접선을 긋기는 쉽지 않다

원에 접선을 긋는 일은 간단하다. 원의 중심과 접점을 이은 직선에 직각으로 교차하는 직선을 그으면 되기 때문이다. **그런데 포물선처럼 위치에 따라 굽은 정도가 다른 곡선에 접선을 긋는 방법은 간단하지 않다.** 여기서 말하는 '접선을 긋는다'라는 말은 '접선을 수식으로 나타낸다'라는 뜻이다. 종이와 연필을 사용해 접선을 '적당히' 그을 수는 있어도 정확하게 수식으로 나타내기는 어렵다.

기울기를 알면 접선을 그을 수 있다!

포물선 위에 있는 점 A의 접선을 생각해보자. 점 A를 통과하는 직선은 무수히 많다. 그러나 하나의 접점을 지나는 접선은 하나뿐이므로 점 A를 통과하는 직선 중에서 점 A의 접선은 하나뿐이다.

어떻게 하면 바른 접선을 그을 수 있을까? **접선의 정확한 '기울기'를 알아야 한다.** '기울기'란 수평인 직선을 기준으로 얼마나 기울어 있는지를 나타내는 값이다. 점 A의 접선의 정확한 '기울기'를 계산할 수 있다면 직선은 하나로 정해진다. 즉, 접선을 그을 수 있다.

접선을 긋기 위해 기울기가 필요

원의 접선은 '원의 중심과 접점을 잇는 직선에 직각으로 교차하는 직선'이므로 간단하게 정해진다. 그러나 포물선은 접선을 정하기가 무척 어렵다.

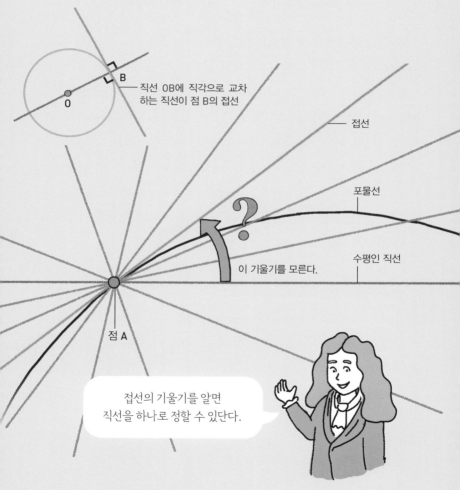

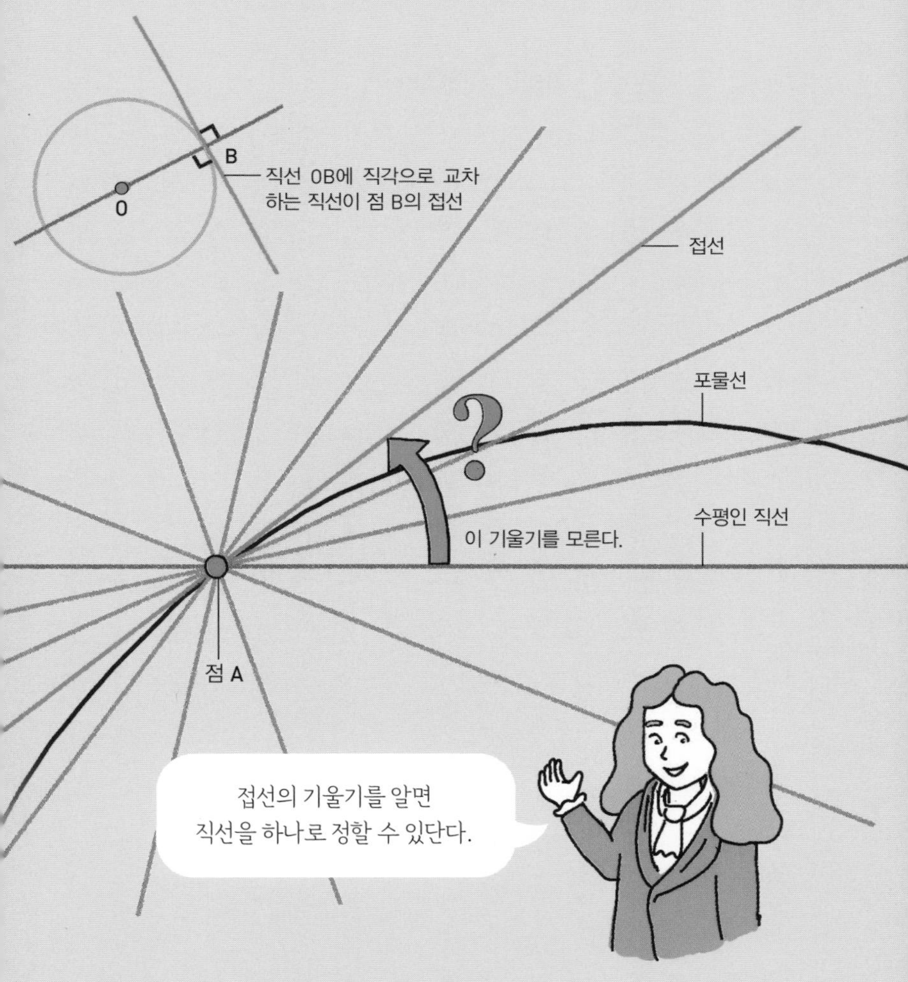
B
O
직선 OB에 직각으로 교차
하는 직선이 점 B의 접선
접선
포물선
?
수평인 직선
이 기울기를 모른다.
점 A
접선의 기울기를 알면
직선을 하나로 정할 수 있단다.

2 곡선은 작은 점이 움직이는 자취이다!

접선을 긋는 좋은 방법이 없을까?

1664년 영국의 케임브리지대학 3학년 학생이던 22세의 뉴턴은 데카르트의 저서 등을 읽고 당시의 첨단 수학을 배우기 시작했다. 그리고 1년이 채 지나기도 전에 그 내용을 모두 습득하고 독자적인 수학적 기법까지 고안해냈다.

뉴턴은 학자들을 골치 아프게 한 '접선 문제'를 푸는 데도 몰두했다. 그리고 다음과 같이 접선을 긋는 방법을 생각해냈다. **바로 '종이 위에 그려진 곡선이나 직선은 시간의 경과에 따라 작은 점이 움직인 자취이다!'라는 개념이다.**

돌파구가 된 아이디어

점이 움직인다고 생각하면 곡선 위의 수많은 점은 '각 순간의 진행 방향'을 가진다. 학자들은 운동하는 물체의 궤도에 그은 접선의 기울기를 계산하여 물체의 진행 방향을 구하려고 했다. 하지만 **뉴턴은 반대로, 움직이는 점의 진행 방향을 계산하여 접선의 기울기를 구하고자 한 것이다.** 이 아이디어를 토대로 뉴턴은 독자적인 계산 방법을 만들어냈다.

뉴턴의 머릿속

뉴턴은 움직이는 점의 순간 진행 방향을 계산하여 접선의 기울기를 구하고자 했다.

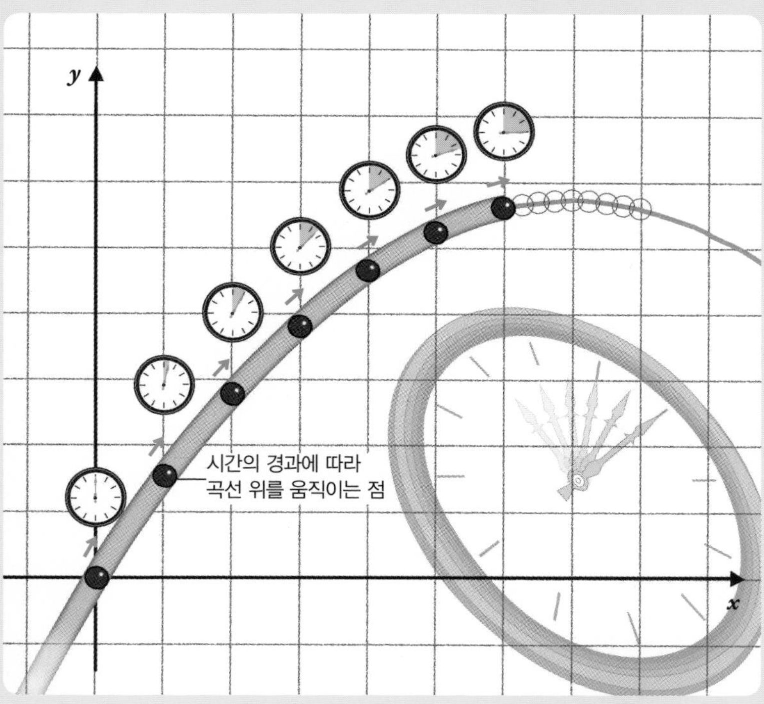

직선이나 곡선은 시간의 경과에 따라
작은 점이 움직인 자취라고 생각하면
알기 쉽겠지!

3 한순간에 점이 움직인 방향을 계산으로 구한다

'o'(오미크론)이라는 기호를 고안하다

뉴턴은 아주 짧은 순간을 나타내는 o(오미크론)이라는 기호를 도입하여 움직이는 점의 진행 방향, 즉 접선의 기울기를 계산하고자 했다.

곡선 위를 움직이는 점이 어느 순간에 '점 A'에 있다고 해보자. 그 순간부터 'o'만큼의 시간이 지나면 움직이는 점은 '점 A′'로 이동한다. 움직이는 점이 x축 방향으로 이동하는 속도를 p라고 하면 x축 방향으로 이동한 거리는 시간 o에 속도 p를 곱해 op로 나타낼 수 있다. 같은 원리로 y축 방향으로 이동한 거리는 oq로 나타낼 수 있다.

점 A에서의 접선의 기울기를 나타낼 수 있다

수학에서 직선의 기울기는 '수평 방향으로 진행한 거리에 대해 얼마나 위로 올라가는가'를 뜻한다. 예를 들어 x축 방향으로 3만큼 가고 y축 방향으로 2만큼 갔다면 기울기는 $\frac{2}{3}$이다. 오른쪽 그림의 경우, 시간 o 동안 움직이는 점은 x축 방향으로 op만큼 진행하고 y축 방향으로 oq만큼 진행한다. 즉, 움직이는 점이 순간적으로 이동하여 생긴 직선 A-A′의 기울기는 $\frac{oq}{op}(=\frac{q}{p})$로 나타낼 수 있다. 이 $\frac{q}{p}$가 움직이는 점의 점 A에서의 진행 방향이며 접선의 기울기다.

움직이는 점의 순간 진행 방향

뉴턴은 움직이는 점이 x축 방향으로 진행하는 속도를 p, y축 방향으로 진행하는 속도를 q로 나타내었다. 진행한 거리는 x축 방향으로 op, y축 방향으로 oq이며, 직선 A–A′의 기울기는 $\frac{oq}{op}$ $(=\frac{q}{p})$가 된다.

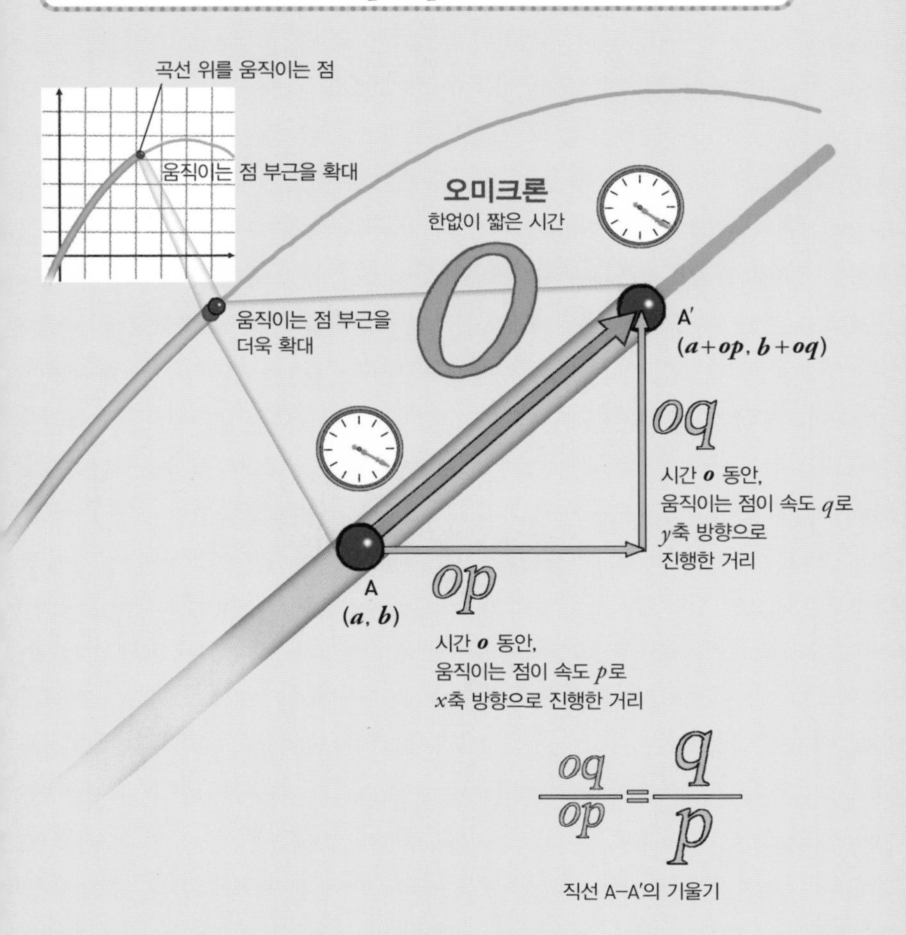

직선 A–A′의 기울기

4 뉴턴의 방법으로 접선의 기울기를 구해보자 ①

우선 움직이는 점의 이동을 생각해보자

뉴턴의 방법으로 접선의 기울기를 실제로 계산하여 보자. $y = x^2$으로 나타낸 곡선 위의 점 A(3, 9)에서 접선의 기울기를 구하는 문제를 준비했다(아래 그림). **먼저 뉴턴의 방법에 따라, 움직이는 점이 점 A(3, 9)에 오는 순간을 생각해보자.** 그다음, 시간 o 동안 점이 이동한 거리

점 A에서의 접선의 기울기는?

[문제]

$y = x^2$ 위의 점 A(3, 9)에서의 접선의 기울기는?

접선의 기울기를 세 단계로 구해보자. 단계1은 47쪽, 단계2와 단계3은 48~49쪽에서 확인할 수 있다. 단계1에서는 움직이는 점의 이동을 생각해보자.

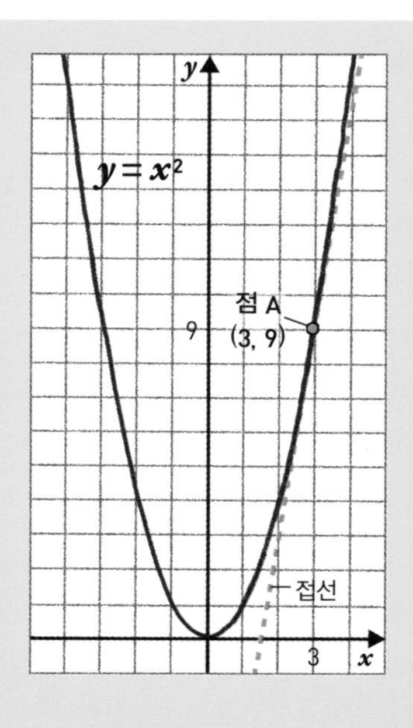

를 op와 oq를 사용해 나타낸다(그림의 단계1).

한없이 짧은 곡선을 직선으로 보자

뉴턴의 사고방식에서는 곡선 위를 작은 점이 움직이고 있다. **움직이는 점은 점 A(3, 9)에 온 순간부터 o만큼 시간이 지난 뒤 점 A′(3+op, 9+oq)로 이동한다.**

점은 곡선 위를 움직이고 있으므로 점이 이동한 자취 A−A′도 곡선이다. 그러나 무한히 짧은 시간 o 동안 움직인 거리는 극히 짧으므로 직선이라 볼 수 있다고 뉴턴은 생각했다. 그러면 이 직선 A−A′는 움직이는 점의 '점 A에서의 진행 방향'이며 접선과 같다고 할 수 있다.

뉴턴은 곡선도 지극히 짧은 구간을
잘라서 보면 직선으로 볼 수 있다고 생각했대!

단계1 시간 o 동안 움직이는 점의 이동을 생각해보자.

점 A(3, 9) 부근을 확대한 그림

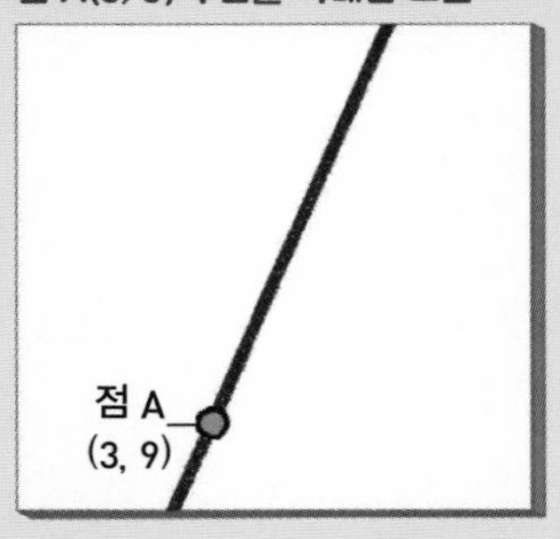

o 시간이 지난 후

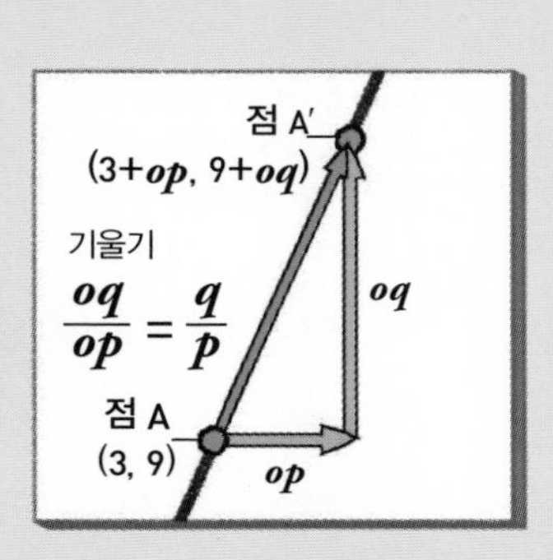

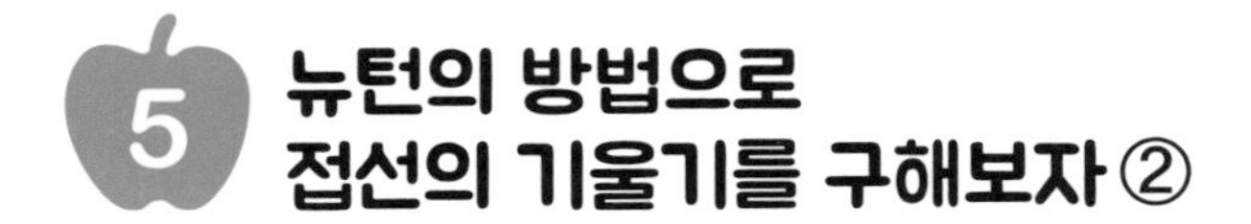

5 뉴턴의 방법으로 접선의 기울기를 구해보자 ②

점 A에서의 접선의 기울기를 계산해보자

앞쪽의 단계1에서 구한, 움직이는 점이 시간 o 후에 이동한 점 A′ $(3+op,\ 9+oq)$의 좌푯값을 곡선의 식 $y=x^2$에 대입해보자(단계2). 그 다음 움직이는 점이 이동하여 생긴 직선 A−A′의 기울기 $\frac{q}{p}$를 구해보자(단계3).

> **구하려는 것은 기울기 $\frac{q}{p}$**
>
> [단계2]에서 점 A′의 좌표를 곡선의 식에 대입하고,
> [단계3]에서 접선의 기울기를 계산한다.

단계2 점 A′의 좌표를 곡선의 식에 대입해보자.

점 A′의 x좌표는 $3+op$, y좌표는 $9+oq$이다.
점 A′은 곡선 $y=x^2$ 위의 점이므로 $y=x^2$에
$y=9+oq$, $x=3+op$를 대입할 수 있다.

$$
\begin{aligned}
y &= x^2 \\
(9+oq) &= (3+op)^2 \\
9+oq &= 9+6op+o^2p^2 \\
oq &= 6op+o^2p^2
\end{aligned}
$$

(양변을 o로 나누면) $$q = 6p+op^2$$

계산 결과, 점 A(3, 9)에서의 접선의 기울기는 6이다. 이렇게 뉴턴의 방법으로 접선의 기울기를 구할 수 있다.

◆ 이것이 바로 미분법!

접선의 기울기를 구하는 뉴턴의 방법을 유율법(流率法, the method of fluxions)이라고 한다. 뉴턴이 곡선 위를 움직이는 점의 속도를 fluxio(유율, 流率)라고 했기 때문이다. **이 유율법이 바로 접선의 기울기를 구하는 방법인 '미분법'이다.**

유율법의 기본 개념을 처음 고안한 것은 1665년으로, 뉴턴이 본격적으로 수학을 연구하기 시작한 지 불과 1년이 지난 23세 무렵이었다.

뉴턴은 마지막에 남은 op는
무시할 수 있다고 생각했대.

단계3 접선의 기울기를 구하자.

구하려는 것은 직선 A–A'의 기울기인 $\frac{q}{p}$이다. 그런데 p와 q가 각각 어떤 값인지는 알 수 없다.
따라서 좌변에 $\frac{q}{p}$가 오도록 식을 변형하여 $\frac{q}{p}$의 값을 구한다.

(양변을 p로 나누면) $\frac{q}{p} = 6 + op$

뉴턴은 'o'의 값은 한없이 작으므로 우변의 op는 무시할 수 있다고 생각했다.

[답] 점 A에서의 접선의 기울기 $\frac{q}{p} = 6$

6 곡선 위의 어느 점에서라도 접선의 기울기를 알 수 있는 방법 ①

점 A를 a를 사용하여 나타내보자

46~49쪽에서는 곡선 $y = x^2$ 위의 점 A(3, 9)에서의 접선의 기울기를 구했다. 그러나 그 외의 점에서 접선의 기울기를 이 방법으로 일일이 계산하기는 쉽지 않다. 그래서 $y = x^2$ 위의 어느 점에서든 기울기를 바로 구할 수 있는 만능 해법을 찾아보고자 한다.

먼저 곡선 $y = x^2$ 위에 있는 점 A를 상수 a를 사용하여 나타낸다.

한 점 A에서의 접선의 기울기는?

[문제]

$y=x^2$ 위의 점 A(a, a^2)에서의 접선의 기울기는?

접선의 기울기를 세 단계로 구해보자. 단계1은 51쪽, 단계2와 단계3은 52~53쪽에서 확인할 수 있다.

단계1에서는 움직이는 점의 이동을 생각해보자.

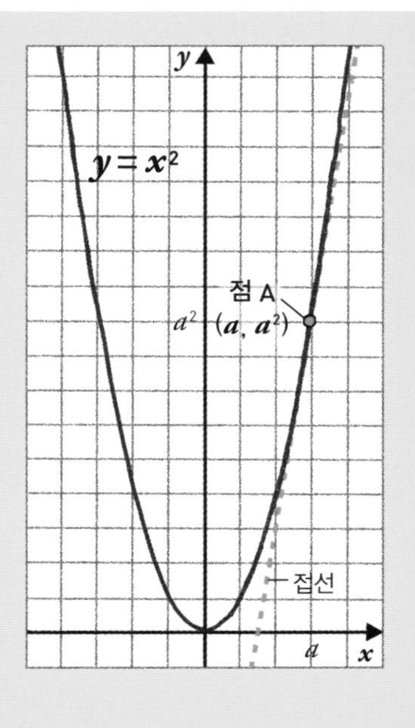

점 A의 x좌표를 a라고 하면 $y = x^2$이므로 점 A의 y좌표는 a^2이 된다. 즉, 점 A의 좌표는 (a, a^2)이다. **상수 a를 사용하면 한 점 A가 $y = x^2$ 위의 어느 곳에 있더라도 (a, a^2)으로 나타낼 수 있다.** 그러면 이 점 $A(a, a^2)$에서의 접선의 기울기를 구해보자(아래 그림).

움직이는 점의 이동을 생각해보자

숫자가 문자로 바뀌었지만, 계산 방법은 앞에서 한 것과 완전히 같다. 움직이는 점이 지극히 짧은 시간 o 동안 점 A에서 점 A′로 이동했다고 하자. **움직이는 점은 x축 방향으로 op, y축 방향으로 oq만큼 이동했으므로, 점 A′의 좌표는 $(a+op, a^2+oq)$가 된다**(그림의 단계1).

숫자를 문자로 바꿔 써넣었지만,
계산은 똑같네!

단계1 시간 o 동안 움직이는 점의 이동을 생각해보자.

점 $A(a, a^2)$ 부근을 확대한 그림

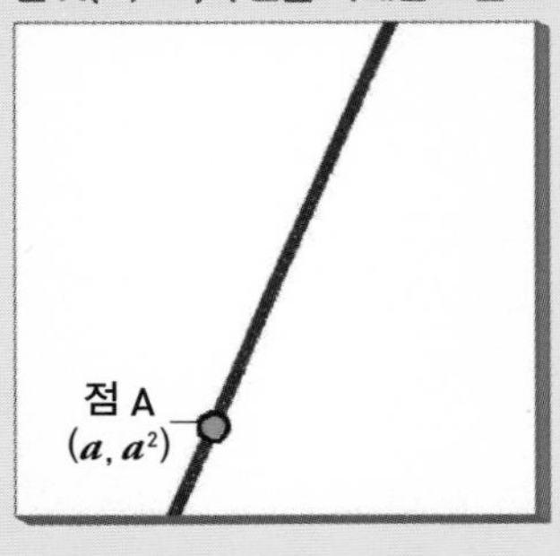

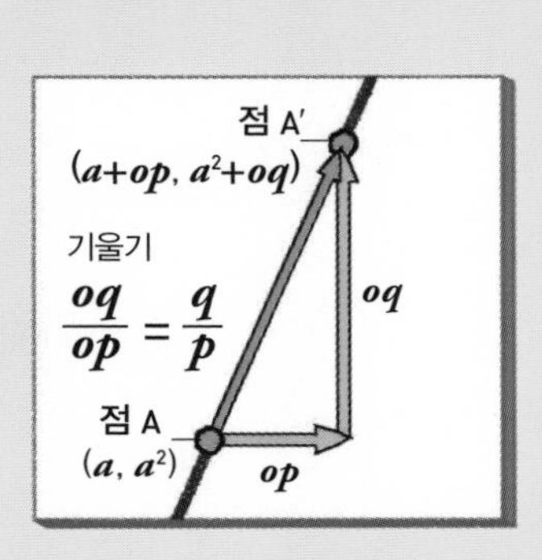

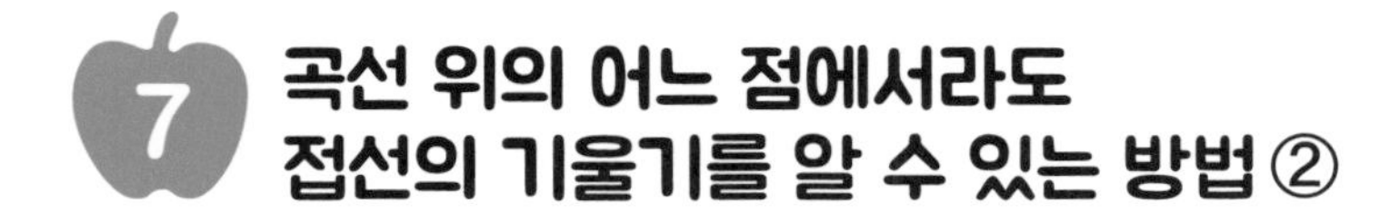

7 곡선 위의 어느 점에서라도 접선의 기울기를 알 수 있는 방법 ②

점 A에서의 접선의 기울기를 계산해보자

단계1에서 구한 움직이는 점이 시간 o 후에 이동한 점 A′($a+op$, a^2+oq)의 좌푯값을 곡선의 식 $y=x^2$에 대입해보자(단계2). 그다음 움직이는 점이 이동하여 생긴 직선 A–A′의 기울기 $\frac{q}{p}$를 구해보자(단계3).

구하려는 것은 기울기 $\frac{q}{p}$

[단계2]에서 점 A′의 좌표를 곡선의 식에 대입하고,

[단계3]에서 접선의 기울기를 계산한다.

단계2 점 A′의 좌표를 곡선의 식에 대입해보자.

점 A′의 x좌표는 $a+op$, y좌표는 a^2+oq이다.
점 A′은 곡선 $y=x^2$ 위의 점이므로 $y=x^2$에
$y=a^2+oq$, $x=a+op$를 대입할 수 있다.

$$\begin{aligned} y &= x^2 \\ (a^2+oq) &= (a+op)^2 \\ a^2+oq &= a^2+2aop+o^2p^2 \\ oq &= 2aop+o^2p^2 \\ \text{(양변을 } o\text{로 나누면)} \quad q &= 2ap+op^2 \end{aligned}$$

계산 결과, 점 $A(a, a^2)$에서의 접선의 기울기는 $2a$이다. 이것은 무엇을 의미할까?

접선의 기울기를 구하는 '만능식'

$a=3$일 때 점$(a,\ a^2)$은 점$(3,\ 9)$가 되고, 그 접선의 기울기는 $2a=2\times3=6$이 된다. 다시 말해 점 $A(a,\ a^2)$에서의 접선의 기울기가 $2a$라는 것을 이용하면 46~49쪽 계산을 다시 할 필요 없이 점$(3,\ 9)$에서의 접선의 기울기를 간단하게 구할 수 있다.

$a=3$일 때뿐 아니라 a가 어떤 값일 때라도 기울기는 $2a$가 성립한다. **즉, $2a$는 $y=x^2$ 위의 모든 점에서 접선의 기울기를 나타내는 '만능식'이다.**

이렇게 구한 기울기 $2a$는
a가 어떤 값이어도 성립하는구나!!

단계3 접선의 기울기를 구하자.

구하려는 것은 직선 A–A′의 기울기인 $\frac{q}{p}$이다. 그런데 p와 q가 각각 어떤 값인지는 알 수 없다.
따라서 좌변에 $\frac{q}{p}$가 오도록 식을 변형하여 $\frac{q}{p}$의 값을 구한다.

(양변을 p로 나누면) $$\frac{q}{p}=2a+op$$

뉴턴은 'o'의 값은 한없이 작으므로 우변의 op는 무시할 수 있다고 생각했다.

〔답〕 점 A에서의 접선의 기울기 $\frac{q}{p}=2a$

뉴턴은 이런 사람

개가 태워버린 원고!

어린 시절 뉴턴은 조용하고 차분한 성격이라 혼자 있을 때가 많았다. 대학에서도 공부에만 집중하고 술이나 도박에는 전혀 흥미를 보이지 않았다고 한다. **그런 뉴턴에게 자신이 키우던 개와 고양이는 몇 안 되는 친구였을 것이다.**

뉴턴은 '다이아몬드'라는 이름의 포메라니안을 키웠는데 무척 사랑했음을 알려주는 일화 하나가 있다. 51세 때 뉴턴은 20년 동안의 연구 결과를 모아 책을 쓰고 있었다. 그런데 어느 날 뉴턴이 집을 비운 사이 다이아몬드가 불이 붙은 초를 넘어뜨려 원고가 타버리고 말았다. **뉴턴은 이런 상황에서도 "네가 뭘 알았겠니, 할 수 없지"라고 말하며 용서하고 넘어갔다고 한다.**

하지만 이 일화가 실제 이야기인지는 분명하지 않다. 원고가 탄 것은 실제로 있었던 일이기는 하지만 뉴턴이 개를 키우지 않았다는 증언도 있기 때문이다.

8 미분하면 '접선의 기울기를 나타내는 함수'가 생긴다!

뉴턴의 미분법에서 '만능식'이 생긴다

$y=x^2$ 위의 점 A는 어디에 있더라도 (a, a^2)으로 나타낼 수 있다. **이렇게 곡선 위에 있는 모든 점을 나타낼 수 있는 '일반적인' 좌표를 사용하여 뉴턴의 미분법(유율법)으로 접선의 기울기를 구하면, 기울기를 나타내는 '만능식'을 얻을 수 있다.** $y=x^2$ 위의 모든 점에서 접선의 기울기를 나타내는 만능식은 $2a$이다.

만능식에서 새로운 함수가 생긴다

여기서 $y=x^2$ 위의 한 점 A의 x좌표를 다시 x라고 하고, 그 점에서 접선의 기울기 값을 다시 y라고 생각해보자. 점 A의 x좌표를 a라고 할 때 접선의 기울기를 나타내는 만능식은 $2a$이므로, 점 A의 x좌표를 x로 둘 때 접선의 기울기 값 y는 $2x$이다. 따라서 y와 x의 관계를 나타내는 함수는 $y=2x$가 된다. 원래 함수 $y=x^2$에서 접선의 기울기를 나타내는 새로운 함수 $y=2x$가 생겨난 것이다.

미분법으로 원래 함수에서 생긴 새로운 함수를 '도함수'라고 한다. 도함수를 구하는 것을 '함수를 미분한다'라고 한다.

$y=x^2$을 미분하다

$y=x^2$ 위의 한 점 A는 어디에 있더라도 (a, a^2)으로 나타낼 수 있다. $y=x^2$ 위를 움직이는 점은 시간 o 뒤에는 점 A'$(a+op, a^2+oq)$로 이동한다. 이 좌표의 값을 $y=x^2$에 대입한다.

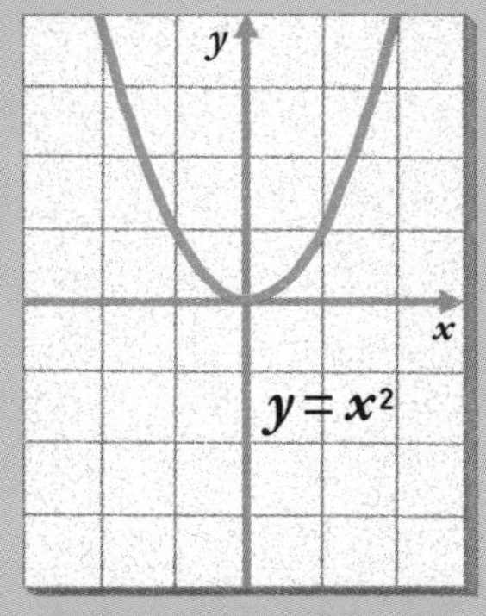

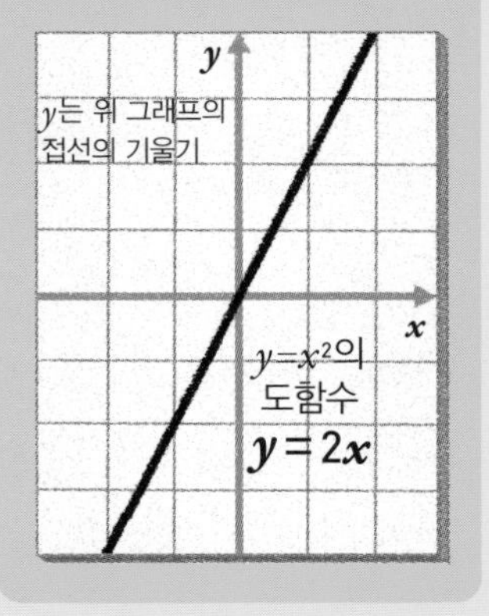

$$y = x^2$$

$$(a^2+oq) = (a+op)^2$$

계산하면 $$a^2+oq = a^2+2aop+o^2p^2$$

양변에서 a^2을 빼면 $$oq = 2aop+o^2p^2$$

양변을 o로 나누면 $$q = 2ap+op^2$$

양변을 p로 나누면 $$\frac{q}{p} = 2a+op$$

op는 무시할 수 있으므로 $$\frac{q}{p} = 2a$$

$y=x^2$ 위의 점 A(a, a^2)에서의 접선의 기울기$(\frac{q}{p})$를 나타내는 식은 $2a$임을 알 수 있다.

따라서 $y=x^2$의 도함수는 $y=2x$이다.

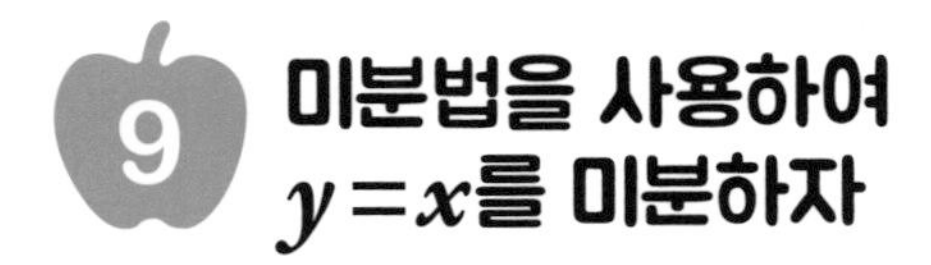

9 미분법을 사용하여 $y=x$를 미분하자

◆ 뉴턴의 미분법에서 만능식이 생긴다

이번에는 $y=x$라는 간단한 함수를 뉴턴의 미분법(유율법)을 사용하여 미분해보자. 계산 방법은 $y=x^2$일 때와 같다. 우선 상수 a를 사용하여 $y=x$ 위의 한 점 A를 나타낸다. $y=x$ 위의 한 점 A는 어디에 있어도 (a, a)로 나타낼 수 있다.

이 좌표를 사용해 뉴턴의 미분법(유율법)으로 접선의 기울기를 구한다. $y=x$ 위를 움직이는 점은 시간 o가 흐른 뒤 점 A에서 점 A′$(a+op, a+oq)$로 이동한다. 점 A′$(a+op, a+oq)$의 좌푯값을 $y=x$에 대입하면 움직이는 점이 이동한 직선 A–A′의 기울기 $\frac{q}{p}$를 구할 수 있다. **계산 결과 점 A(a, a)에서의 접선의 기울기를 나타내는 만능식은 '1'임을 알 수 있다.**

◆ 만능식에서 새로운 함수가 생긴다

여기서 $y=x$ 위의 점 A의 x좌표를 다시 x라 하고 그 점에서의 접선의 기울기 값을 다시 y라고 해보자. **기울기를 나타내는 만능식은 1이었으므로, y와 x의 관계를 나타내는 함수(도함수)는 $y=1$(x의 값에 좌우되지 않는 상수)이 된다.**

$y=x$를 미분하다

$y=x$ 위의 한 점 A는 어디에 있더라도 (a, a)로 나타낼 수 있다. $y=x$ 위를 움직이는 점은 시간 'o' 뒤에는 점 A'$(a+op, a+oq)$로 이동한다. 이 좌표의 값을 $y=x$에 대입한다.

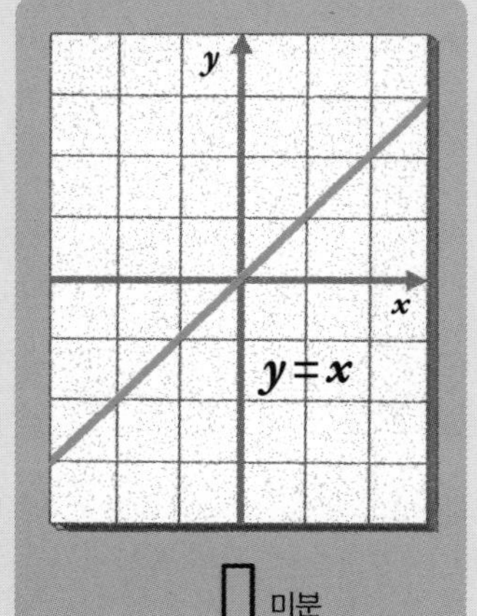

y
x
y=x
미분

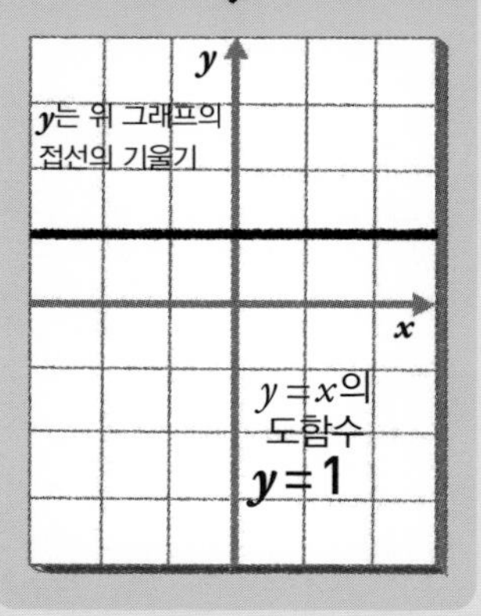

y
y는 위 그래프의 접선의 기울기
x
y=x의 도함수
y=1

$$y = x$$

$$(a+oq) = (a+op)$$

$$a+oq = a+op$$

양변에서 a를 빼면 $oq = op$

양변을 o로 나누면 $q = p$

양변을 p로 나누면 $\frac{q}{p} = 1$

$y=x$ 위의 점 A(a, a)에서의
접선의 기울기$(\frac{q}{p})$를 나타내는 식은 '1'임을 알 수 있다.
따라서 $y=x$의 도함수는
$y=1$이다.

도함수가 y=1이라는
말은 접선의 기울기가
항상 1이라는
뜻이란다.

뉴턴은 이런 사람

고양이 전용 출입문을 만들었다고!?

뉴턴의 발명은 수학이나 과학 분야에만 머문 것이 아니다. **『자연철학의 수학적 원리(프린키피아)』를 집필하던 무렵에 펫도어(개나 고양이 등의 전용 출입구)를 발명했다는 이야기도 남아 있다.**

뉴턴은 식사도 제대로 하지 못할 만큼 집필에 몰두하면서도 기르던 고양이 가족에게는 남은 음식을 주기도 하고, 고양이들이 집 안팎을 자유롭게 드나들 수 있도록 고양이 전용문을 만들었다고 한다. **심지어 어미 고양이용 큰 문과 새끼 고양이용 작은 문을 따로 만들었다.** 이런 이야기로 뉴턴이 고양이에게 무척 애정을 보였다는 것을 알 수 있다. 하지만 새끼 고양이도 어미 고양이와 함께 큰 문을 사용해서 작은 문은 필요가 없었다고 한다.

사실 이 일화의 진위 역시 확실하지는 않다. 뉴턴의 비서는 뉴턴이 개나 고양이를 싫어해서 집에서는 키우지 않았다고 말하기도 했다는 이야기가 있다.

10 함수를 미분하면 보이는 법칙은?

가장 기본이면서 가장 중요한 미분의 공식

지금까지 소개한 함수와 도함수를 정리하면,

함수 $y = x$의 도함수는 $y = 1$

함수 $y = x^2$의 도함수는 $y = 2x$

함수 $y = x^3$의 도함수는 $y = 3x^2$ 이다.

이렇게 비교하면 뭔가 법칙이 보이지 않는가? 도함수가 되면 x의 오른쪽 위에 올라가 있던 숫자가 x의 앞으로 나오고, 오른쪽 위의 수는 1만큼 작아진다. 사실 이 법칙은 x의 오른쪽 위의 수가 어떤 숫자가 되든 성립한다. **일반적으로 나타내면 $y = x^n$의 함수를 미분하면 도함수는 $y = nx^{n-1}$이 된다.** 이 공식을 기억하면 o을 사용한 계산을 하지 않고도 도함수를 구할 수 있다.

접선의 기울기만 아는 것이 아니다

미분법이 등장하면서 다양한 함수의 도함수를 구할 수 있게 되었다. **이 도함수는 곡선 위의 한 점에서 접선의 기울기를 구할 때 도움이 될 뿐 아니라 원래의 함수가 변하는 모습을 분석할 때도 힘을 발휘한다.** 그 예를 64~65쪽에 소개하겠다.

미분법 정리

- 미분법은 접선의 기울기를 구하는 방법이다.
- 미분법을 사용해 원래 함수에서 만들어낸 새로운 함수를 '도함수'라고 한다.
- 도함수를 구하는 것을 '함수를 미분한다'라고 한다.

미분 공식

$y=x^n$을 미분하면

$y=nx^{n-1}$ 형태의 도함수가 된다.

$$y=x^n$$

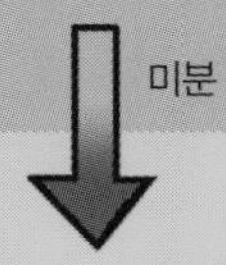

도함수 $$y=nx^{n-1}$$

위 공식은 n이 음수나 분수인 경우에도 성립한다.

법칙을 발견하는 것이
수학이나 과학의 묘미라고 할 수 있죠!

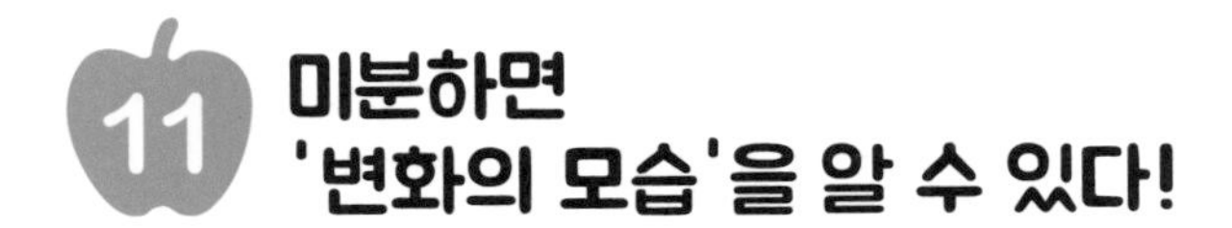

11 미분하면 '변화의 모습'을 알 수 있다!

롤러코스터의 코스를 미분해보자

미분법은 다양한 곡선에 응용할 수 있다. 예를 들면 오른쪽의 위 그림은 롤러코스터를 그림으로 나타낸 것이다. 산마루와 골짜기가 있는 곡선이다. **이러한 곡선에서도 곡선의 식(함수)만 알면 미분법을 쓸 수 있다.**

아래 그림은 위 그림의 곡선을 미분하여 구한 도함수를 그래프로 나타낸 것이다. 그래프의 세로축 값이 원래 곡선(롤러코스터의 코스)의 접선의 기울기 값이다.

도함수 그래프에서 정상의 위치나 급격한 경사를 알 수 있다

도함수 그래프를 보면 원래 곡선의 '변화 모습'을 알 수 있다. 도함수의 그래프를 보면 G점에서 접선의 기울기 값이 음수로 바뀐다. 이것은 원래 곡선의 G점이 '정상'이라는 의미이다. 또, 도함수의 그래프에서 원래 곡선의 어느 지점이 '급격한 경사'인지도 알 수 있다.

뉴턴이 만든 미분법은 변화하는 세계를 정확하게 분석하는 매우 강력한 도구이다!

원래 곡선과 도함수의 관계

아래 두 그림 중 위의 그래프는 롤러코스터를 그린 곡선과 각 지점의 접선을 나타낸 것이다. 아래 그림은 위 그림의 곡선을 미분하여 구한 도함수를 그래프로 나타낸 것이다.

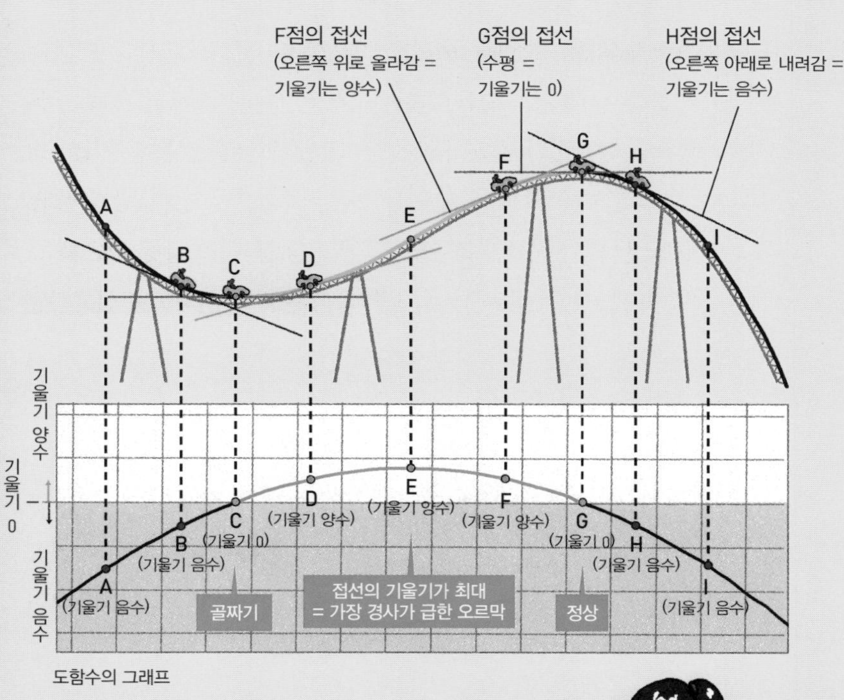

도함수의 그래프

기울기가 양수면 오르막이고
음수면 내리막이구나!

12 고등학교 수학에서 배우는 접선 긋는 방법은?

극한의 개념으로 접선을 긋다

미분과 적분은 고등학교에서 배운다. 곡선의 접선에 대한 성질도 그때 배우며 '극한'이라는 개념을 사용하여 접선을 긋는다.

예를 들어 포물선 위의 점 A에 접선을 긋는다고 생각해보자. 먼저, 접선을 긋고자 하는 점(점 A)과 포물선 위의 다른 점(점 B)을 직선으로 잇는다. **그리고 포물선을 따라 점 B를 점 A에 한없이 가까이 이동하면 두 점을 잇는 직선이 점 A의 접선에 한없이 가까워지는 것을 알 수 있다. 이것이 '극한'의 개념이다.**

뉴턴의 시대에는 잘 표현할 수 없었다

이때 주의할 것은 점 B는 어디까지나 점 A에 한없이 가까우면서 절대 점 A와 겹치지 않는다는 사실이다. 점 B와 점 A가 겹쳐 한 점이 되면 직선을 그을 수 없게 되기 때문이다.

여기에서는 극한의 개념을 직관적으로 설명했다. 실제로 계산을 통해 접선의 기울기를 구하려면, 수학적으로 엄밀하게 설명해야 한다. **뉴턴이 태어난 17세기에는 극한의 개념을 수학적으로 잘 표현할 수 없었다.**

고등학교에서 배우는 접선 긋는 방법

접선을 그으려는 점(점 A)과 포물선 위의 다른 점(점 B)을 직선으로 잇는다. 점 B를 점 A에 한없이 가까이 가져가면(B→C→D→……), 두 점을 잇는 직선은 점 A의 접선에 한없이 가까워진다.

접선을 긋는 방법

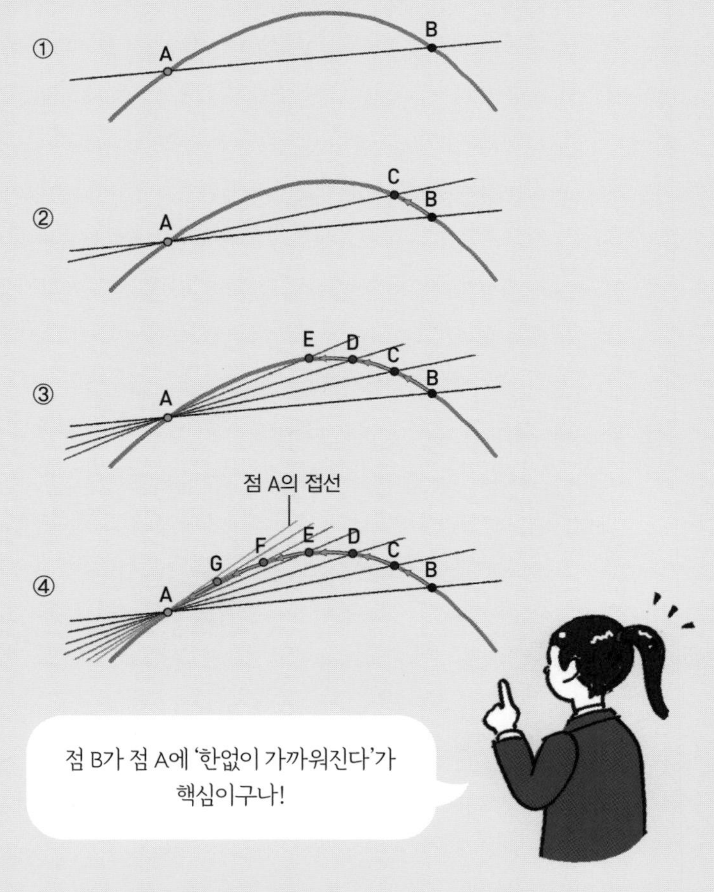

13 미분에서 사용하는 기호와 계산 규칙을 확인하자!

' ′ '(프라임)과 $\frac{d}{dx}$를 사용하다

함수를 미분할 때는 수식에 ′(프라임)이라는 기호를 사용한다. '$y=x^3$을 미분하면, $y=3x^2$이 된다.' 이 말은 다음과 같이 표현한다.

$y' = (x^3)' = 3x^2$

$f(x)$를 미분하는 경우에는 f와 (x) 사이에 ′을 붙여 $f'(x)$(에프 프라임 엑스)라고 쓴다.

′ 대신 $\frac{d}{dx}$를 사용할 수도 있다. y를 미분한 것은 $\frac{dy}{dx}$(디와이 디엑스)라고 쓰고, $f(x)$를 미분한 것은 $\frac{d}{dx}f(x)$(디에프엑스 디엑스)라고 쓴다.

미분 계산은 각 항에서 따로 한다

$y=2x^3$과 같이 x^n에 상수가 곱해진 함수는 x^n을 먼저 미분한 뒤 상수를 곱한다.

$y' = 2\times(x^3)' = 2\times3x^2 = 6x^2$

$y=2x^3-x^2+3$과 같이 복수의 항으로 구성된 함수는 각각의 항에서 미분한다. 3과 같은 상수는 미분하면 0이 된다.

$y' = 2\times(x^3)'-(x^2)'+(3)' = 2\times3x^2-2x+0 = 6x^2-2x$

미분에서 사용하는 기호의 의미

dx나 dy의 d는 미분(differential)의 머리글자인 d에서 따왔다. dx와 dy는 x나 y의 '매우 작은 증가분'을 나타낼 때도 사용된다. 이것은 뉴턴의 op, oq와 같은 개념이라고 할 수 있다. 이 dx와 dy를 사용한 미분 표기법은 또 다른 미적분 창시자로 알려진 라이프니츠가 고안한 것이다.

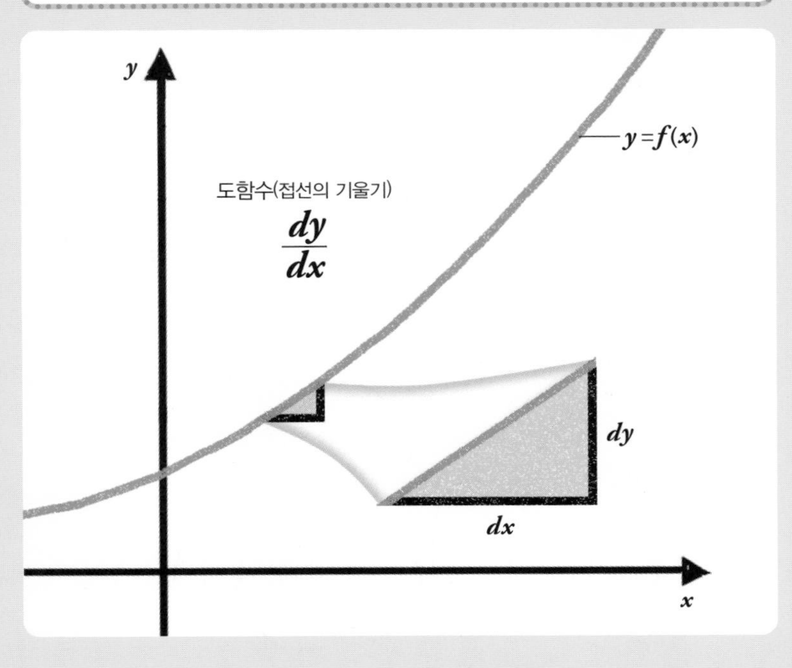

트위터는 미분을 활용한다!

미분은 우리 일상생활의 다양한 곳에서 이용되고 있다. 한 예로 트위터의 '트렌드 기능'에도 미분이 사용된다. 트위터는 140자 이내의 짧은 이야기를 투고할 수 있는 인터넷 서비스인데 현재 인기 있는 주제가 트렌드 기능으로 표시된다.

트위터가 인기 있는 주제를 제시할 때 단순하게 게시글로 올라온 횟수가 많은 단어만 조사하는 것은 아니다. 그러면 날짜나 '오늘'이라는 단어가 인기 있는 주제가 돼버릴 테니 말이다. **인기 있는 주제를 표시하려면 언급된 횟수가 급격히 늘어난 단어를 찾아야 한다.**

바로 이때 미분이 역할을 한다. 특정 단어를 언급한 횟수가 시간이 지나면서 어떻게 변했는지를 나타내는 함수를 미분하여 함수의 변화 모습을 분석한다. **그러면 언급된 횟수가 급격히 늘어났는지를 판단할 수 있다.** 트위터는 이런 방법으로 인기 주제를 제시한다.

(출처 : 웹사이트 '고등학교 수학을 100배 즐겁게' https://enjoymath.pomb.org/)

12:15
Home

뉴턴은 이런 사람

연금술에 푹 빠져 있던 수학자

'미적분'이나 '만유인력의 법칙', '빛의 원리' 등을 발견한 뉴턴은 근대 과학의 주역이라고도 할 수 있다. 하지만 뉴턴은 '연금술' 연구에도 열심이었다.

연금술이란 철이나 납과 같이 주위에 있는 금속으로 금이나 은과 같은 귀금속을 만들어내는 기술이다. 연금술 연구는 기원전 고대 이집트나 고대 그리스 시대부터 시작되었다고 하며 5~15세기 중세 유럽에서는 무척 활발히 행해지고 있었다.

근대 과학이 발전하자 연금술은 유사 과학으로 취급되기 시작했다. **하지만 의외로 뉴턴은 연금술 연구를 열심히 했다고 한다.** 특히 28세 전후에 고대인의 연금술 지식을 복원하는 데 심취해 있었다. 자필 메모에는 연금술에 관한 기술이 65만 단어 이상 남아 있다. 죽은 후 그의 머리카락에서 연금술 실험에 필수적으로 사용되던 수은이 검출된 사실을 보더라도 뉴턴이 실제로 연금술 연구에 몰두했음을 알 수 있다.

전국 데뷔

콘서트에 오신 여러분 신나게 즐길 준비되셨나요?
와~!!
저희 베르누이 밴드에 새로운 멤버가 들어왔어요.
꺄악~
컴온!! 아이작 뉴턴!!
번쩍
정독 중
Newton
자 함께 들어주세요.
꺄악~!!
신곡 <유체역학>!!!
와~!!

포물선

오늘 와줘서 정말 고마워요~!!

와~~~~~

피크

슝

뉴턴 씨 집에 가요~

F = ma

중얼 중얼

다이아몬드

제3장
미분과 적분의 통일

미분법을 완성한 뉴턴은 적분법에 대해서도 연구를 계속했다.
적분법이란 그래프의 넓이를 구하는 방법이다.
제3장에서는 고대 그리스에서 유래한 적분법과 뉴턴의 미분법이
뉴턴에 의해 미적분으로 하나가 되는 과정을 살펴본다.

1 적분법의 기원은 2000년 전 고대 그리스!

◆ 무수히 많은 삼각형으로 채우는 방법

어떻게 하면 곡선으로 둘러싸인 영역의 넓이를 구할 수 있을까? 고대 그리스의 가장 위대한 수학자인 아르키메데스(기원전 287~기원전 212)는 저서 『포물선의 구적』에서 포물선과 직선으로 둘러싸인 영역의 넓이를 구하는 방법을 설명한다(아래 그림). **포물선 안쪽을 무수히 많은 삼각형으로 나누어 넓이를 구하는 방법으로, '소진법(method of**

삼각형 소진법

포물선 안쪽에 접하는 삼각형을 넓이가 최대가 되도록 자른다. 잘라낸 첫 번째 삼각형의 넓이를 1이라고 하면 다음 삼각형은 $\frac{1}{8}$, 그다음 잘라낸 삼각형은 다시 $\frac{1}{8}$(처음 삼각형의 $\frac{1}{64}$)이 되며, 잘라낸 삼각형을 무한히 더해가면 $\frac{4}{3}$가 된다.

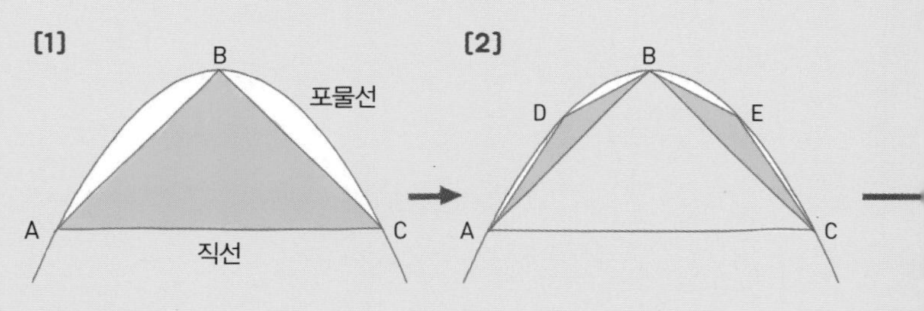

exhaustion)'이라고 한다.** 소진법은 현대의 '적분법'으로 이어지는 개념이다. 적분법의 기원은 2000년도 더 지난 옛날로 거슬러 올라가는 것이다(소진법은 착출법, 실진법, 토막내기, 고갈법 등의 용어로도 쓰인다).

삼각형을 모두 더해 넓이를 구한다

포물선과 직선으로 둘러싸인 영역의 넓이를 구하기 위해 아르키메데스는 다음과 같은 방법을 사용했다. 먼저 포물선의 안쪽에 접하는 삼각형을 잘라낸다. 그다음 남은 부분에서 같은 방법으로 또 삼각형을 잘라낸다. 이 작업을 반복하면 포물선의 안쪽을 무한히 작은 삼각형으로 자를 수 있다. **이렇게 잘라낸 삼각형들을 무한히 더하면 포물선과 직선으로 둘러싸인 영역의 넓이를 구할 수 있다.**

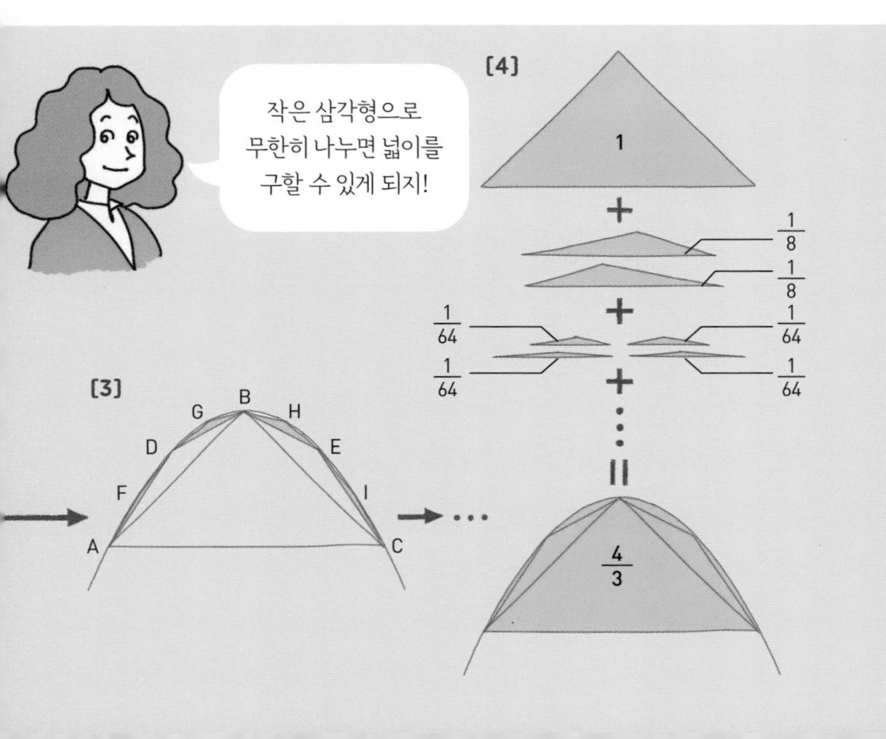

2 적분의 개념으로 행성 운동 법칙이나 통의 부피를 구한다

행성 운동에는 어떤 법칙이 있을까?

독일의 천문학자 요하네스 케플러(1571~1630)는 '작은 부분으로 무한히 나누고 서로 더한다'라는 아르키메데스의 적분 개념을 천문학에 응용하였다.

케플러는 1604년 방대한 화성의 관측기록을 근거로 행성 운동의 법칙을 구하려고 다양한 계산을 해보았다. **그 연구 끝에 찾아낸 법칙 중 하나가 바로 '케플러 제2법칙'이다.** 태양과 행성을 잇는 직선이 일정한 시간 동안 만드는 부채꼴의 넓이는 항상 같다는 것이다.

작은 삼각형으로 무한히 나누었다가 서로 더한다

케플러는 부채꼴의 넓이를 아르키메데스처럼 작은 삼각형으로 무한히 나누었다가 다시 모두 더하는 방법으로 계산했다. 케플러의 이러한 생각이 바로 적분의 개념이었지만, 그 시점에서 적분법이 완성되었다고 할 수는 없다. 곡선으로 둘러싸인 부분의 넓이를 구하는 적분법의 일반적인 계산법을 개발한 것이 아니었기 때문이다.

케플러는 '작은 부분으로 무한히 나누었다가 다시 모아서 더한다'는 개념을 응용하여 포도주 통의 부피를 구하는 방법 등을 고안했다.

포도주 통의 부피는?

케플러는 포도주 상인이 포도주 통에 막대를 꽂아 어느 지점까지 젖는지를 보고 포도주의 양을 측정하는 것을 이상하다고 생각했다(A). 그래서 포도주 통을 원반을 쌓아 올린 것이라고 간주하고(B) 얇은 원반으로 무한히 나눠 그 부피를 모두 더해 포도주 통의 부피를 구했다(C).

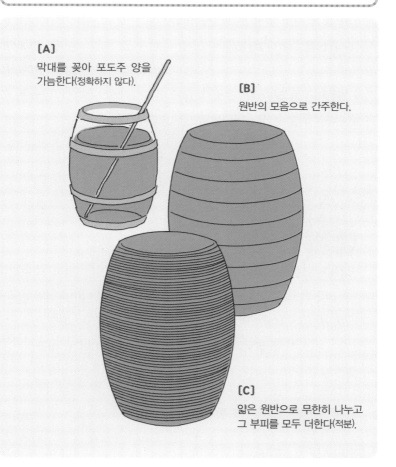

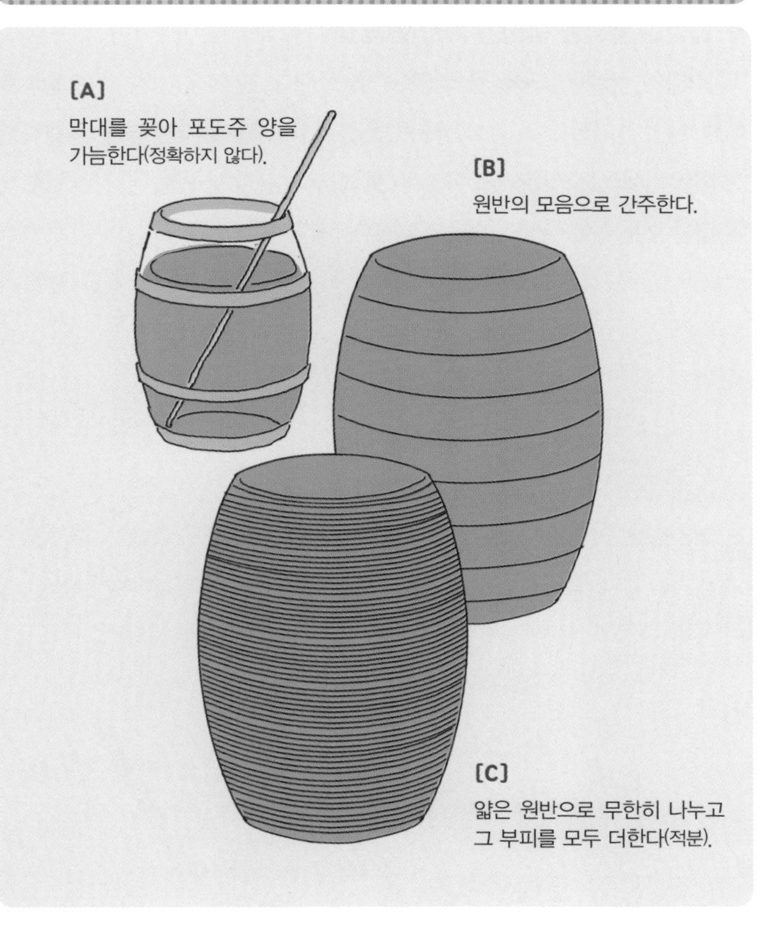
[A]
막대를 꽂아 포도주 양을
가늠한다(정확하지 않다).
[B]
원반의 모음으로 간주한다.
[C]
얇은 원반으로 무한히 나누고
그 부피를 모두 더한다(적분).

3 17세기에 적분의 기법이 정교해졌다

넓이나 부피를 구하는 새로운 방법

17세기 적분 발전에 큰 역할을 한 사람은 갈릴레오의 제자 보나벤투라 카발리에리(1598~1647)와 에반젤리스타 토리첼리(1608~1647)다.

카발리에리는 케플러가 포도주 통의 부피를 구한 방법에서 힌트를 얻어 넓이나 부피를 구하는 새로운 개념을 보여주었다.

무수히 쌓아 올리면?

'선'을 무수히 쌓아 올리면 '면'이 되고, '면'을 무수히 쌓아 올리면 '입체'가 된다.

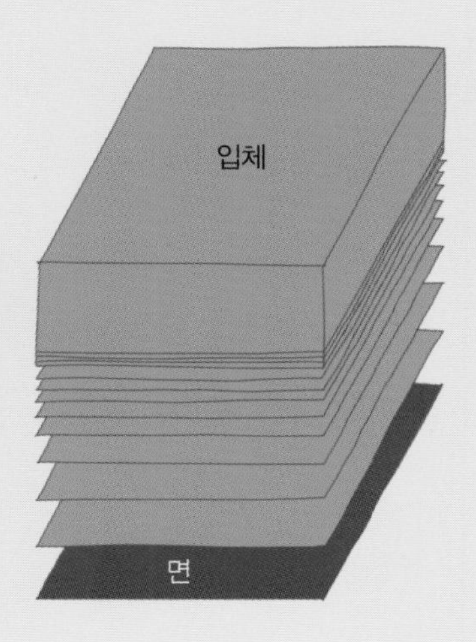

'선'을 무수히 쌓아 올리면 '면'이 되고, '면'을 무수히 쌓아 올리면 '입체'가 된다는 개념을 사용하면, 얼핏 복잡해 보이는 도형의 넓이나 부피도 기본이 되는 도형이나 입체와 비교하여 구할 수 있다. 이것을 '카발리에리의 원리'라고 한다(아래 그림).

어떤 곡선에도 대응하는 방법을 원한다!

한편, 토리첼리는 카발리에리의 생각을 발전시켜 곡선으로 둘러싸인 부분의 넓이나 곡선을 회전하여 생기는 입체의 부피를 구하는 방법을 고안했다. 그러나 어떠한 곡선에나 적용할 수 있는 일반적인 방법은 찾지 못했다. 이 문제는 미분과 마찬가지로 뉴턴이 말끔히 해결했다.

카발리에리의 원리

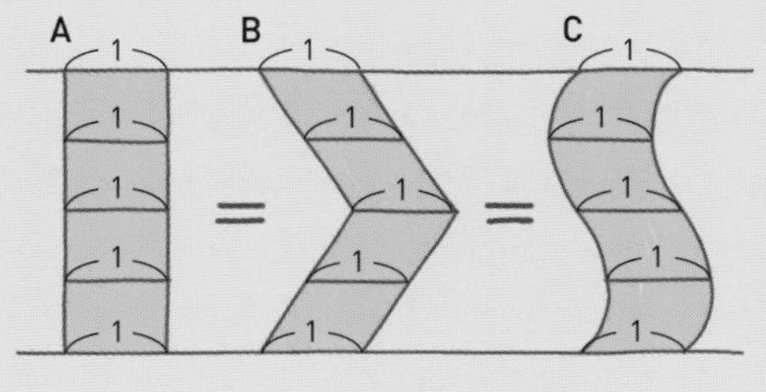

카발리에리의 원리는 '세 개의 도형 A, B, C를 평행한 직선으로 자를 때, 잘린 부분의 폭이 언제나 같으면 A, B, C의 넓이는 같다'이다.

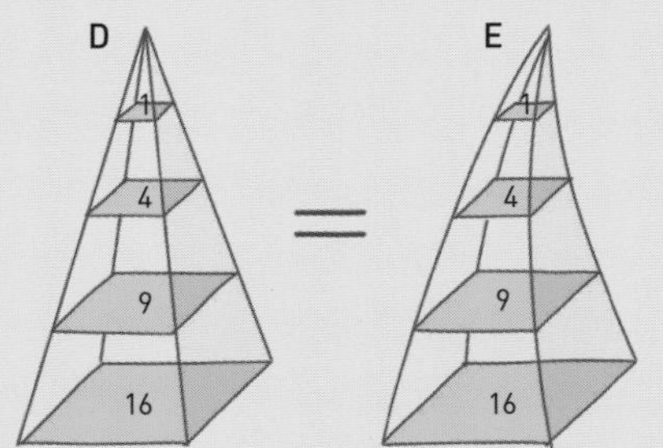

입체의 단면에 대해서도 마찬가지이다. 평행한 면으로 자를 때, 잘린 부분의 넓이가 언제나 같은 도형 D와 E는 부피가 같다.

로마네 콩티는 왜 비쌀까?

포도주 통 이야기가 나온 김에 세계에서 가장 비싼 포도주라는 '로마네 콩티'를 소개해볼까 한다. 로마네 콩티의 가격은 한 병에 대략 2347만 원이나 한다(오른쪽 표 참고).

로마네 콩티란 원래 포도주의 원료가 되는 포도가 자라는 포도밭의 이름으로, 품질 좋은 포도가 수확되는 곳이다. 로마네 콩티가 있는 프랑스의 부르고뉴 지방은 전체적으로 포도주용 포도 재배에 적당한 석회암질 토양이다. 그중에서도 로마네 콩티는 점토질을 더 많이 함유한다고 한다.

게다가 일반적으로 포도밭은 넓이가 수십, 수백 ha, 때로는 수천 ha인데 비해, 로마네 콩티는 1.8ha밖에 안 된다. 그런 환경에서 좋은 묘목을 고집하며 가족적 경영으로 한 그루 한 그루 품을 들여 정성스럽게 키우는 것이다. 그 덕분에 연간 생산량은 약 6000병으로 희소성이 높아 고액으로 판매된다.

세계의 고가 포도주 순위

순위	이름	회사	가격	산지
1	로마네 콩티	도멘 드 라 로마네 콩티	2347만 2064원	프랑스 부르고뉴
2	뮈지니	도멘 르로이	2190만 8656원	프랑스 부르고뉴
3	샤츠호프베르거 리슬링 트로큰베렌아우스레제	에곤 뮐러	1647만 9232원	독일 모젤
4	뮈지니	도멘 조르쥬 루미에	1501만 3152원	프랑스 부르고뉴
5	몽라쉐	도멘 르플레브	1254만 6688원	프랑스 부르고뉴
6	몽라쉐	도멘 드 라 로마네 콩티	951만 3504원	프랑스 부르고뉴
7	샹베르탱	도멘 르로이	948만 240원	프랑스 부르고뉴
8	리쉬부르	도멘 르로이	720만 4736원	프랑스 부르고뉴
9	스크리밍 이글	스크리밍 이글	699만 368원	미국 캘리포니아
10	본느 마르	도멘 도브네	648만 1552원	프랑스 부르고뉴

2018년 11월 1일 기준으로 표준 병(750㎖)의 평균 가격. 1달러 =112엔, 100엔=1100원으로 계산
(출처 : wine-searcher)

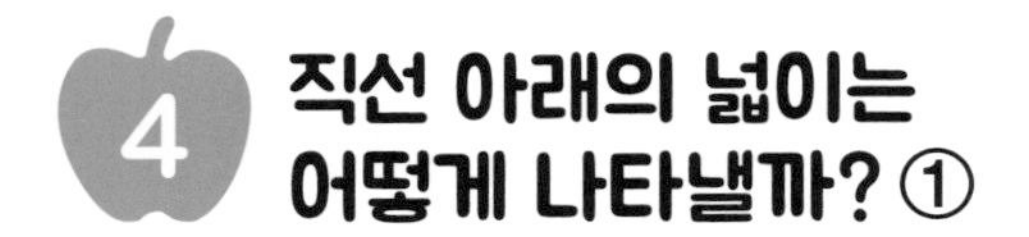

직선 아래의 넓이는 어떻게 나타낼까? ①

직선 아래의 넓이를 구해보자

적분법은 직선이나 곡선으로 둘러싸인 영역의 넓이를 구하는 수학 기법이다. 즉, 그래프의 넓이를 구하는 방법이다. 먼저 직선으로 둘러싸인 영역의 넓이를 계산해보자.

오른쪽 그림 ①A와 같이 $y=1$인 직선, x축, y축, 그리고 'y축과 평행인 직선'(분홍색 직선)으로 둘러싸인 부분(분홍색 직사각형)의 넓이를 구하는 것이다. 이 영역은 y축과 평행한 직선의 x좌표가 x일 때, $y=1$, x축, y축, $x=x$로 둘러싸여 밑변의 길이가 x, 높이가 1인 직사각형이다. 넓이는 밑변$(x)\times$높이$(1)=x$이다.

적분하면 '원시함수'가 생긴다

y축과 평행한 직선의 x좌표와 분홍색 직사각형의 넓이와의 관계를 새로운 그래프로 그린 것이 그림 ①B이다. y의 값은 ①A의 분홍색 직사각형의 넓이다. 분홍색 직사각형의 넓이는 x이므로 ①B의 그래프는 $y=x$가 된다. **직선이나 곡선을 나타내는 함수에서 그 직선이나 곡선으로 둘러싸인 영역의 넓이를 나타내는 새로운 함수를 구하는 것을 '적분한다'라고 말한다. 함수를 적분하여 만들어진 새로운 함수를 '원시함수'라고 한다.**

$y = 1$ 아래의 넓이

$y = 1$의 아래쪽의 넓이를 나타내는 함수는 $y = x$이다.
다시 말해 $y = 1$의 원시함수는 $y = x$이다.

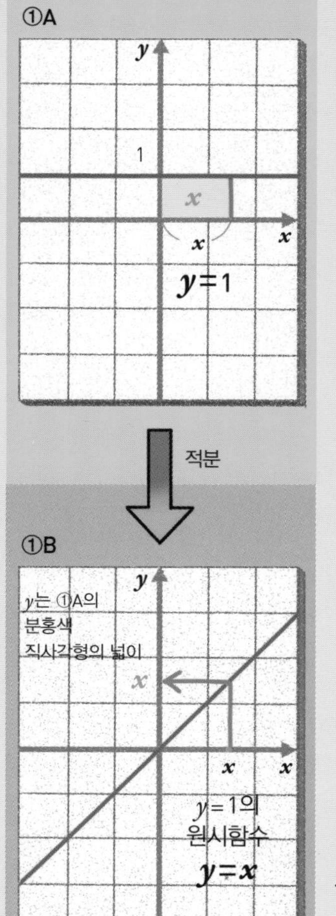

$y = 1$의 아래쪽의 넓이는?

(1) y축과 평행한 직선(분홍색 직선)의 x좌표가 1일 때

$y=1$, x축, y축, $x=1$로
둘러싸인 부분(분홍색 사각형)은
한 변의 길이가 1인 정사각형이다.
넓이는 밑변(1)×높이(1) =1이다.

(2) y축과 평행한 직선(분홍색 직선)의 x좌표가 2일 때

$y=1$, x축, y축, $x=2$로
둘러싸인 부분(분홍색 사각형)은
밑변의 길이가 2, 높이가 1인 직사각형이다.
넓이는 밑변(2)×높이(1) =2이다.

(3) y축과 평행한 직선(분홍색 직선)의 x좌표가 x일 때

$y=1$, x축, y축, $x=x$로
둘러싸인 부분(분홍색 사각형)은
밑변의 길이가 x, 높이가 1인 직사각형이다.
넓이는 밑변(x)×높이(1) = x이다(①A).

따라서 ①A의 분홍색 부분의 넓이를 나타내는 함수,
즉 원시함수는
$y = x$가 된다(①B).

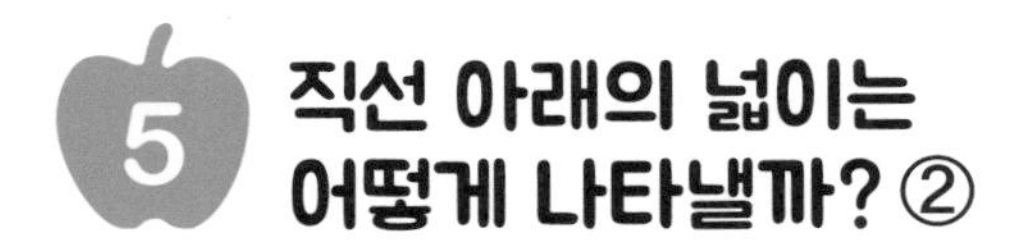

5
직선 아래의 넓이는
어떻게 나타낼까? ②

기울어진 직선 아래의 넓이를 구해보자

다음으로, 오른쪽 그림 ②A와 같이 $y=2x$인 직선, x축, 그리고 'y축과 평행한 직선'(분홍색 직선)으로 둘러싸인 부분(분홍색 삼각형)의 넓이를 생각해보자.

y축과 평행한 직선의 x좌표가 x일 때는 $y=2x$, x축, $x=x$로 둘러싸여 밑변의 길이가 x, 높이가 $2x$인 직각삼각형이 된다. 넓이는 밑변$(x)\times$높이$(2x)\div 2 = x^2$이다.

적분하면 '원시함수'가 생긴다

y축과 평행한 직선의 x좌표와 분홍색 삼각형의 넓이의 관계를 새 그래프로 그린 것이 그림 ②B이다. y의 값은 그림 ②A의 분홍색 삼각형의 넓이다. 분홍색 삼각형의 넓이는 x^2이므로 그림 ②B의 그래프는 $y=x^2$인 곡선이 된다. **$y=2x$를 적분하면 넓이를 나타내는 새 함수인 원시함수 $y=x^2$이 생긴다.**

$y = 2x$ 아래의 넓이

$y = 2x$의 아래쪽의 넓이를 나타내는 함수는 $y = x^2$이다.
다시 말해 $y = 2x$의 원시함수는 $y = x^2$이다.

②A

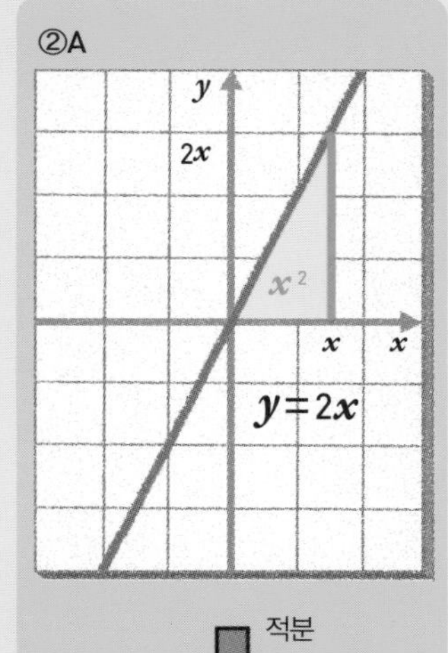

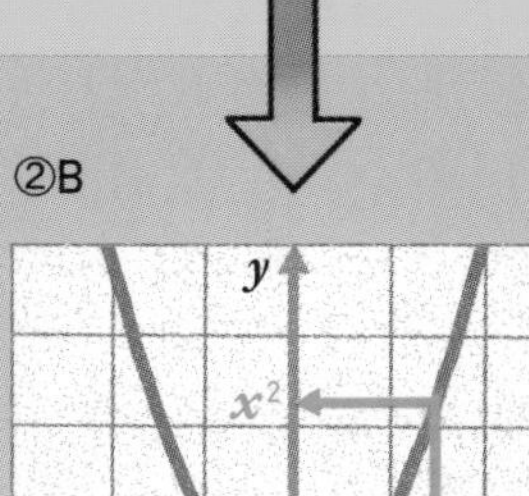

②B

$y = 2x$의 아래쪽의 넓이는?

(1) y축과 평행한 직선(분홍색 직선)의 x좌표가 1일 때

$y=2x$, x축, $x=1$로
둘러싸인 부분(분홍색 삼각형)은
밑변의 길이가 1, 높이가 2인 직각삼각형이다.
넓이는 밑변(1)×높이(2)÷2 = 1이다.

(2) y축과 평행한 직선(분홍색 직선)의 x좌표가 2일 때

$y=2x$, x축, $x=2$로
둘러싸인 부분(분홍색 삼각형)은
밑변의 길이가 2, 높이가 4인 직각삼각형이다.
넓이는 밑변(2)×높이(4)÷2 = 4이다.

(3) y축과 평행한 직선(분홍색 직선)의 x좌표가 x일 때

$y=2x$, x축, $x=x$로
둘러싸인 부분(분홍색 삼각형)은
밑변의 길이가 x, 높이가 $2x$인 직각삼각형이다.
넓이는 밑변(x)×높이($2x$)÷2 = x^2이다(②A).

따라서 ②A의 분홍색 부분의 넓이를 나타내는 함수,
즉 원시함수는
$y=x^2$이 된다(②B).

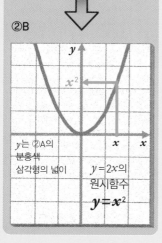

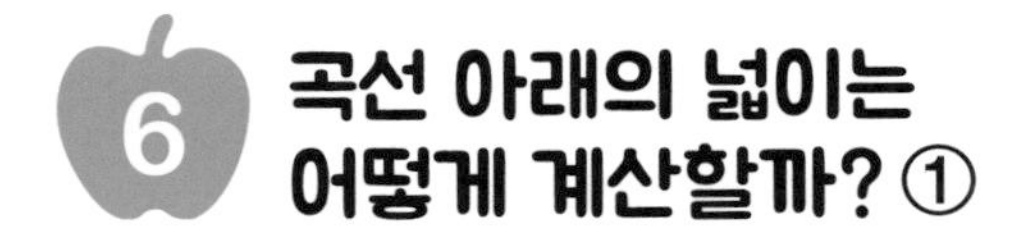

6
곡선 아래의 넓이는
어떻게 계산할까? ①

잘게 나눈 후 모두 더한다

이번에는 곡선 $y = 3x^2$ 아래의 넓이를 구해보자.

오른쪽 그림 ③A와 같이 $y = 3x^2$인 곡선, x축, 그리고 $x = 1$로 둘러싸인 분홍색 부분의 넓이이다.

결론부터 말하면, ③A의 분홍색 부분의 넓이는 1이며 넓이를 나타내는 새 함수인 원시함수는 $y = x^3$이다(③B). 곡선 아래의 넓이는 직선일 때와는 달리 사각형이나 삼각형의 넓이 공식을 사용해서 구할 수 없다. **그래서 아르키메데스 시대부터 이어져 온 적분 개념인 '작은 부분으로 나눈 후 다시 모두 더하는' 방법으로 넓이를 구한다.**

5등분 한 경우의 넓이

먼저 구하려는 분홍색 부분을 세로로 5등분 하여 직사각형처럼 만들어본다(오른쪽 그림). 그러면 밑변이 0.2인 직사각형이 5개 생긴다. 각 직사각형의 높이는 $y = 3x^2$을 사용해 계산한다. 직사각형 5개의 넓이를 합치면 0.72가 된다. **그림을 보면 알 수 있듯이 구하려는 부분의 넓이와는 오차가 상당히 크다.**

$y = 3x^2$ 아래의 넓이

구하려고 하는 부분을 세로로 5등분 하여 직사각형으로 보고 계산하면 넓이의 합계는 0.72이다.

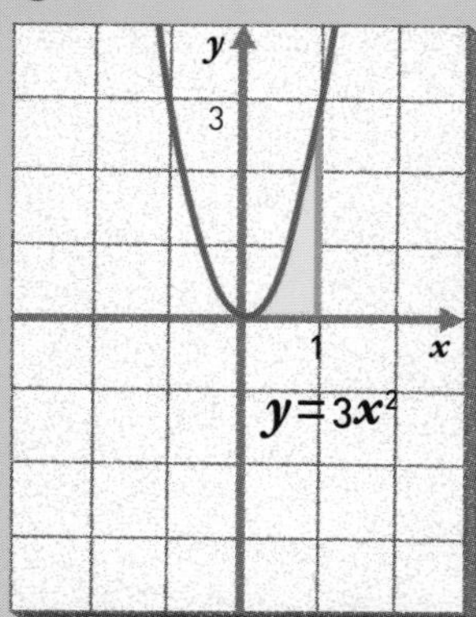

적분

③B

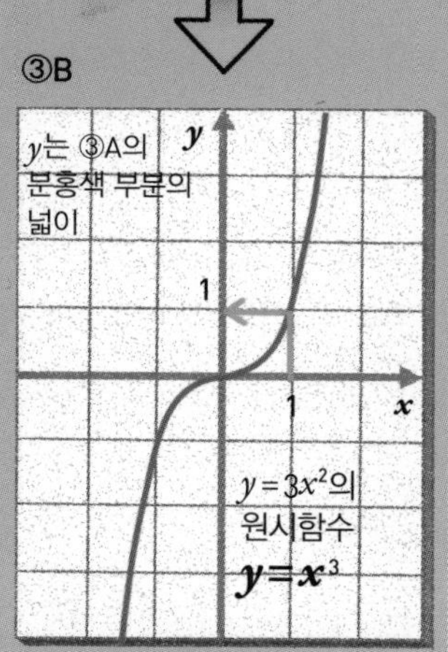

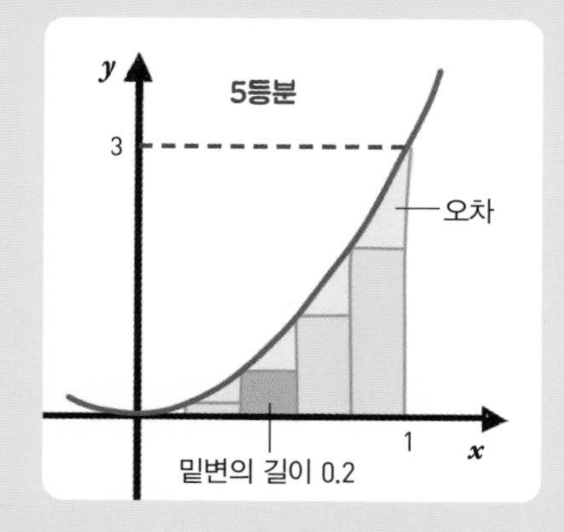

[A] 5개로 나누어 직사각형으로 근사한 경우

직사각형 하나의 밑변의 길이는 0.2($=\frac{1}{5}$)이다.

각 직사각형의 넓이는 다음과 같다.

밑변(0.2) × 높이(0) = 0
밑변(0.2) × 높이(0.12) = 0.024
밑변(0.2) × 높이(0.48) = 0.096
밑변(0.2) × 높이(1.08) = 0.216
밑변(0.2) × 높이(1.92) = 0.384

직사각형 5개의 넓이 합계는 0.72이다.

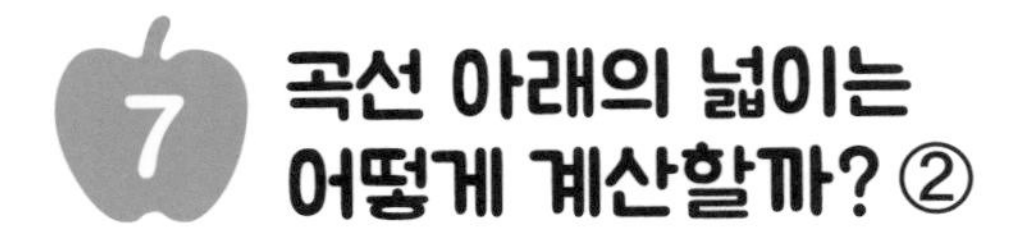

7 곡선 아래의 넓이는 어떻게 계산할까? ②

10등분, 100등분 할 때의 넓이

그러면 더 잘게 세로로 10개로 나누어보자(왼쪽 그림). 밑변이 0.1인 직사각형 10개로 만들 수 있다. 직사각형 10개의 넓이의 합계는 0.855이다.

더 잘게 100개로 나누면 어떻게 될까? 직사각형 하나의 밑변의 길

더 잘게 나누면

구하려고 하는 부분을 더 잘게 쪼개면 그 값은 '1'에 가까워진다. 이 '1'이 정확한 넓이다.

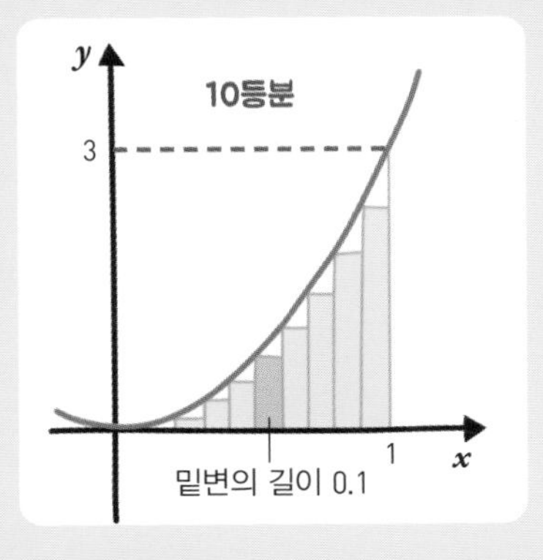

[B] 10개로 나누어 직사각형으로 근사한 경우

직사각형 하나의 밑변의 길이는 0.1(= $\frac{1}{10}$)이다.

각 직사각형의 넓이는 다음과 같다.
밑변(0.1) × 높이(0) = 0
밑변(0.1) × 높이(0.03) = 0.003
밑변(0.1) × 높이(0.12) = 0.012
밑변(0.1) × 높이(0.27) = 0.027
밑변(0.1) × 높이(0.48) = 0.048
(이하 5개 직사각형은 생략)

직사각형 10개의 넓이 합계는 0.855이다.

이는 0.01이 된다. 직사각형 100개의 넓이의 합계는 0.98505이다. **한 눈에 보기에도 오차가 적어지고 정확한 값에 가까워졌음을 알 수 있다.**

넓이는 '1'에 가까워진다

이렇게 잘게 나누어가면 넓이는 점차 1에 가까워진다. 이 값 1이 $y = 3x^2$인 곡선, x축, 그리고 $x = 1$로 둘러싸인 분홍색 부분의 정확한 넓이다.

y축에 평행한 직선이 $x = 1$이 아니라 $x = 2$라면 넓이는 8이 된다. $x = 3$이면 넓이는 27이다. 그리고 $x = x$이면 넓이가 x^3이 된다는 것을 알 수 있다. **따라서 $y = 3x^2$의 원시함수는 $y = x^3$이다.**

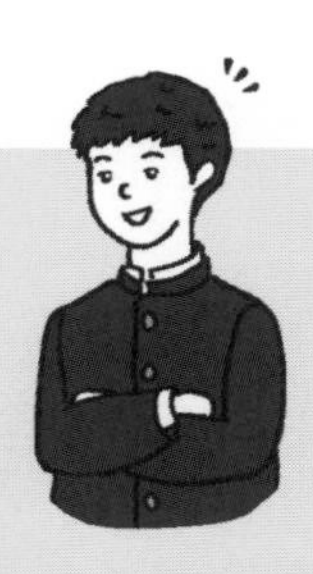

100등분 하면 계산 결과가
거의 '1'에 가까워지는구나!

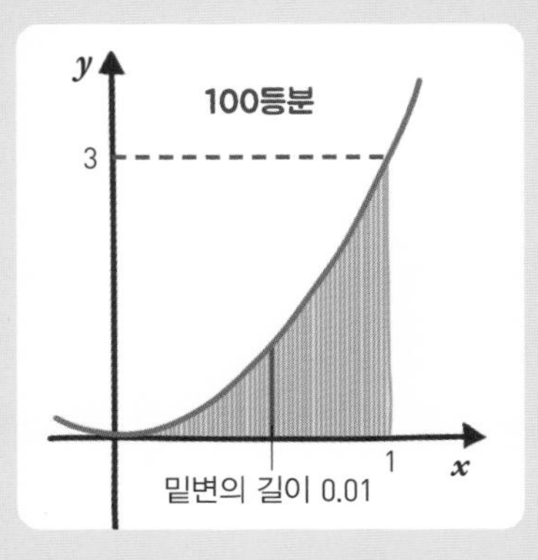

[C] 100개로 나누어 직사각형으로 근사한 경우

직사각형 하나의 밑변의 길이는 0.01(=$\frac{1}{100}$)이다.

각 직사각형의 넓이는 다음과 같다.
밑변(0.01) × 높이(0) = 0
밑변(0.01) × 높이(0.0003) = 0.000003
밑변(0.01) × 높이(0.0012) = 0.000012
밑변(0.01) × 높이(0.0027) = 0.000027
밑변(0.01) × 높이(0.0048) = 0.000048
(이하 95개 직사각형은 생략)

직사각형 100개의 넓이 합계는 0.98505이다.

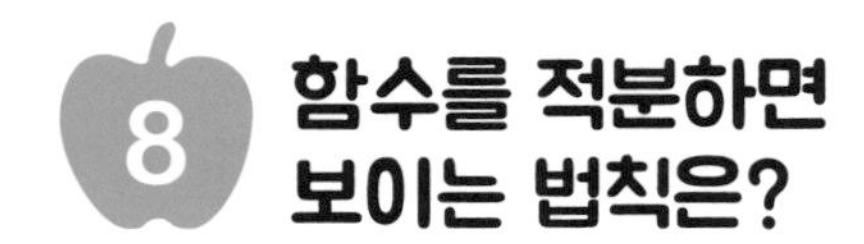

8 함수를 적분하면 보이는 법칙은?

미분과 적분은 역의 함수

지금까지 소개한 함수와 그 원시함수를 나열하면

함수 $y = 1$의 원시함수는 $y = x$

함수 $y = 2x$의 원시함수는 $y = x^2$

함수 $y = 3x^2$의 원시함수는 $y = x^3$이다.

62쪽에서 소개한 함수와 도함수의 쌍과 완전히 같다.

$y=x^2$을 미분하면 도함수 $y=2x$가 나온다. 반대로 $y=2x$를 적분하면 원시함수는 $y=x^2$이 된다. **미분과 적분은 서로 '역'의 관계이다. 이 '미분과 적분은 역의 함수이다'라는 사실이야말로 그때까지 학자들을 괴롭혀온 적분의 과제를 한 번에 해결하는 뉴턴의 대발견이었다.**

가장 기본이면서 가장 중요한 적분의 공식

함수와 도함수 사이에 법칙이 있는 것처럼 함수와 원시함수 사이에도 다음과 같은 법칙을 발견할 수 있다. **일반적으로 $y = x^n$인 함수를 적분하면 원시함수는 $y = \frac{1}{n+1}x^{n+1}+C$ ($n = -1$이 아니다. C는 적분 상수이다. 적분 상수에 대해서는 100~101쪽)가 된다.** 가장 기본이자 중요한 적분 공식 중 하나다.

적분법 정리

- 적분법은 그래프의 넓이를 구하는 방법이다.
- 적분법으로 원래 함수에서 생겨난 새로운 함수를 '원시함수'라고 한다.
- 원시함수를 구하는 것을 '함수를 적분한다'라고 한다.

적분 공식

$y=x^n$을 적분하면

$y=\frac{1}{n+1}x^{n+1}+C$ 형태의 원시함수를 얻는다.

$$y=x^n$$

원시함수 $$y=\frac{1}{n+1}x^{n+1}+C$$

위 공식은 n이 -1이 아닐 때 성립한다. C는 적분 상수이다.
미분의 공식과 비교해보면 미분의 '역' 계산임을 알 수 있다.

미분 공식과 세트로 기억하자!

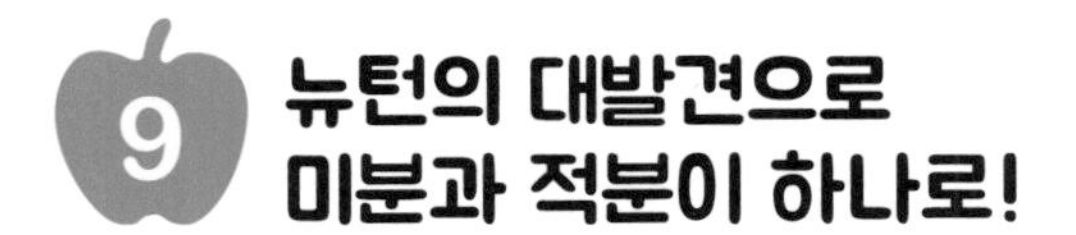

미적분학의 기본정리

뉴턴은 1665년 무렵 접선의 기울기를 구하는 미분과 그래프의 넓이를 구하는 적분이 '역'의 관계라는 놀라운 사실을 발견했다. 그때까지 각자 다른 길을 걷고 있던 미분과 적분이 '미적분'이라는 이름으로 하나로 통일되는 순간이었다. 이 발견으로 뉴턴은 미적분의 창시자로 알려지게 되었다. 미분과 적분이 역의 관계에 있다는 것이 바로 '미적분학의 기본정리'이다.

작은 도형으로 쪼개지 않아도 된다

미분과 적분의 '역' 관계를 이용하면서 그때까지 남아 있던 적분의 과제가 한꺼번에 해결되었다. 예를 들어 곡선 아래의 넓이를 구할 때 더는 작은 도형으로 쪼갤 필요가 없어졌다. 넓이를 나타내는 원시함수를 구하면 된다. 원시함수란 미분하면 원래의 함수가 되는 함수이다.

이렇게 해서 간단하게, 그리고 정확하게 곡선 아래의 넓이를 구할 수 있게 되었다.

미분과 적분은 역의 관계

함수 $F(x)$를 미분하면 $f(x)$가 될 때 $f(x)$는 $F(x)$의 도함수이다. 또 $f(x)$를 적분하면 $F(x)$가 된다. 이때 $F(x)$는 $f(x)$의 원시함수이다.

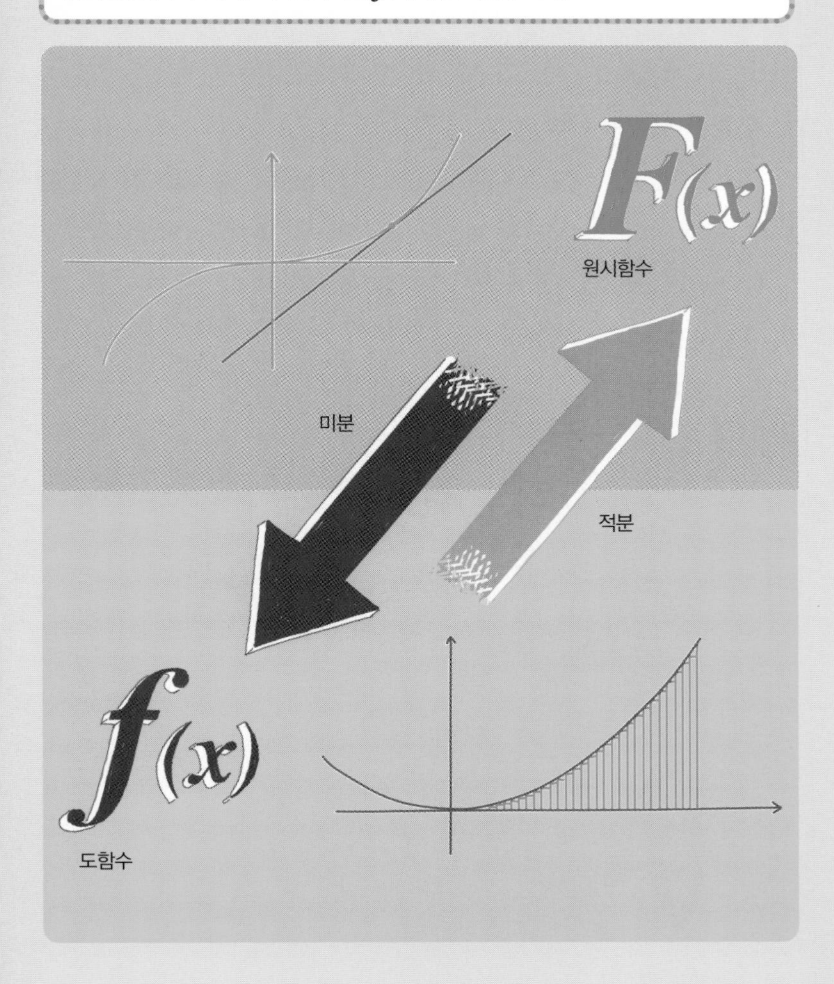

10 적분에서 사용하는 기호와 계산 규칙을 확인하자!

독특한 기호가 사용된다

함수를 적분할 때는 수식에 '$\int$'(인티그럴)과 'dx'라는 기호를 사용한다. '$y = 3x^2$을 적분하면 $y = x^3$이 된다'는 다음과 같이 표현한다(C는 적분 상수이다. 적분 상수에 대해서는 100~101쪽).

$$\int y\,dx = \int 3x^2 dx = x^3 + C$$

적분 계산은 각 항에서 따로 한다

$y = 6x^2$처럼 x^n에 상수가 곱해진 함수는 x^n을 먼저 적분한 뒤 상수를 곱한다.

$$\int y\,dx = 6 \times \int x^2 dx = 6 \times \frac{1}{3}x^3 + C = 2x^3 + C$$

$y = -2x^3 + 3$처럼 복수의 항으로 구성된 함수는 각각의 항에서 적분한다. 1은 적분하면 $x + C$가 된다. C는 각 항에 붙일 필요는 없다.

$$\begin{aligned}\int y\,dx &= \int (-2x^3 + 3)dx \\ &= -2 \times \int x^3 dx + 3 \times \int 1 dx \\ &= -2 \times \frac{1}{4}x^4 + 3 \times x + C \\ &= -\frac{1}{2}x^4 + 3x + C\end{aligned}$$

적분에서 사용하는 기호의 의미

$\int$은 '합계'를 의미하는 라틴어인 summa의 머리글자 s를 세로로 길게 늘인 것이다. $\int ydx$라는 적분 기호는 '가늘고 긴 직사각형의 넓이($y \times dx$)의 합계'라는 의미가 된다. 이 $\int$을 사용한 적분의 표기법은 미적분의 창시자로 알려진 또 다른 수학자 라이프니츠가 고안한 것이다.

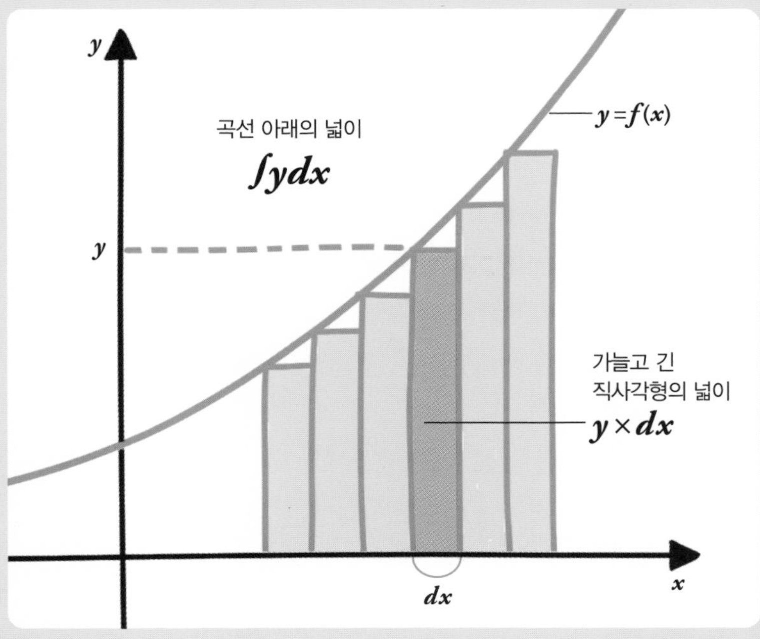

$\int ydx$는 '가늘고 긴 직사각형 넓이를 모두 더한다'라는 의미구나!

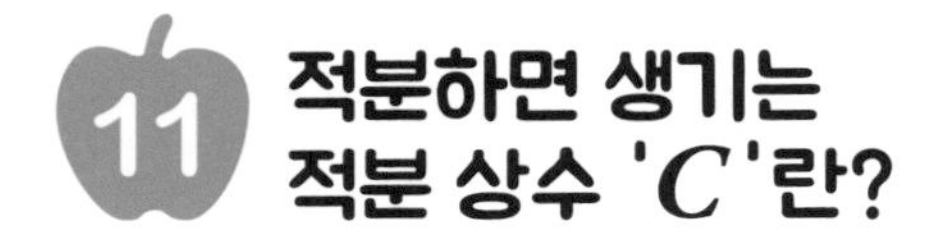

11 적분하면 생기는 적분 상수 'C'란?

미분하면 상수항은 사라진다

94~95쪽에서 소개한 적분 공식에는 적분 상수 'C'가 등장한다. 도대체 C는 무엇일까?

먼저 세 함수 $y = x^2$, $y = x^2+2$, $y = x^2-3$을 각각 미분해보자. 미분하면 세 함수 모두 도함수는 $y = 2x$가 된다(오른쪽 그림). **원래의 함수에 있던 +2나 −3 등의 항(상수항)은 미분하면 사라진다.**

이번에는 앞에서 구했던 도함수를 적분해보자. $y = 2x$를 적분하면 원시함수는 $y = x^2+C$가 된다.

C는 특정할 수 없는 상수를 대신한다

미분과 적분은 '역'이므로 미분했다가 적분하면 원래의 함수로 돌아가야 한다. 그런데 원래의 함수에 있던 +2나 −3 등의 상수항은 미분할 때 없어진다. $y = 2x$라는 도함수만 봐서는 원래의 함수에 어떤 상수가 있었는지를 알 수 없다. **즉, 적분 상수 C는 원래 함수에 존재했다 하더라도 특정할 수 없는 상수 대신 놓는 기호인 셈이다.**

미분했다가 적분하면……

함수를 미분하면 +2나 −3은 사라진다.

적분할 때는 +2나 −3 대신 $+C$를 쓴다.

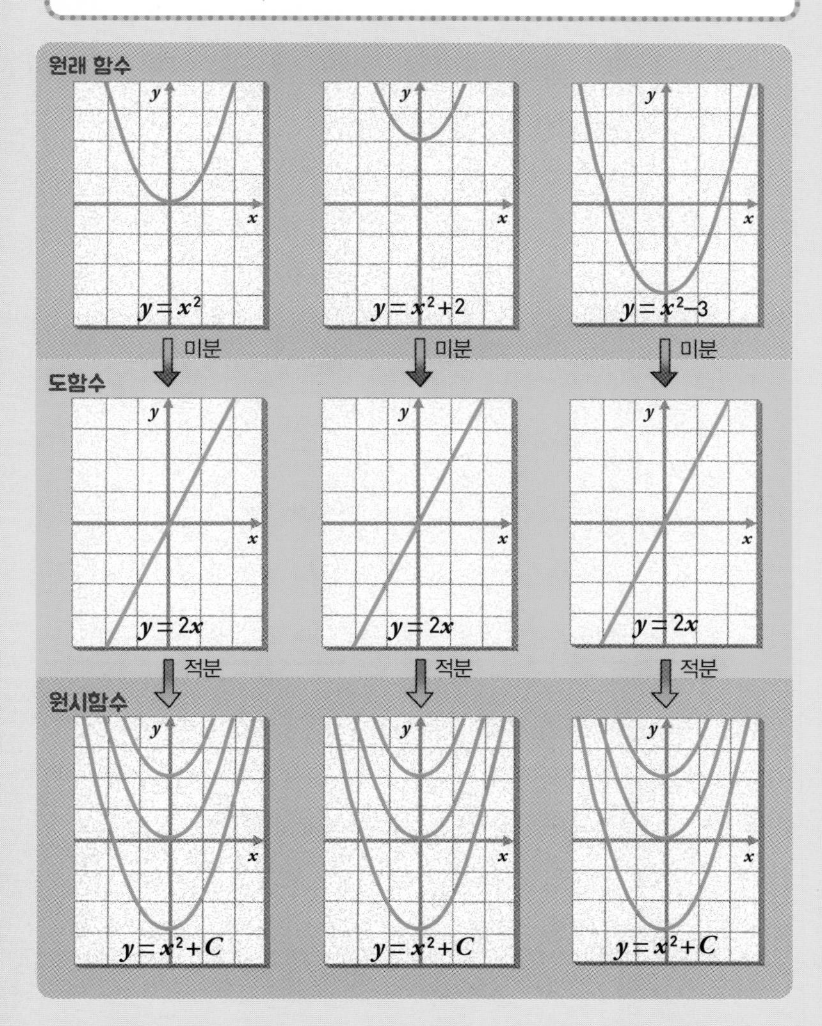

12 정해진 범위의 넓이를 구하는 방법

원시함수끼리 뺄셈하면 C가 사라진다!

어떤 함수 $f(x)$의 원시함수를 '$F(x)+C$'로 나타낸다고 해보자(C는 적분 상수). 이 원시함수에서 $x=b$일 때의 값에서 $x=a$일 때의 값을 뺀다. 그러면,

$$\{F(b)+C\}-\{F(a)+C\}=F(b)-F(a)$$

가 되며, 적분 상수 C는 사라진다. 다시 말해 원시함수의 두 값의 차는 적분 상수와는 관계없이 하나로 정해진다. **어떤 함수 $f(x)$의 원시함수 중 하나가 $F(x)$일 때, 이 원시함수의 두 값의 차 '$F(b)-F(a)$'를 a에서 b까지의 '정적분'이라고 한다.** 정적분의 범위(a에서 b까지)를 $\int$의 아래와 위에 적어 다음과 같은 기호로 나타낸다.

$$\int_a^b f(x)dx$$

정적분으로 정해진 범위의 넓이를 구한다

사실 정적분은 $f(x)$와 x축, $x=a$, $x=b$인 직선으로 둘러싸인 영역의 넓이를 나타낸다(단, $a \leqq x \leqq b$의 범위에서 $0 \leqq f(x)$일 때). 정적분을 사용하면 $f(x)$와 x축으로 둘러싸인 영역 중에서 x가 a에서 b까지인 범위의 넓이를 구할 수 있다. $f(x)$가 음의 영역일 때는 음의 넓이로 계산된다.

정적분 계산 방법

정적분은 정해진 범위에서 함수와 x축으로 둘러싸인 영역의 넓이를 구하는 것이다. 아래 그래프에서 $f(x)$와 x축, $x=a$, $x=b$인 직선으로 둘러싸인 영역의 넓이를 S라고 할 때, S의 계산 방법은 다음과 같이 나타낼 수 있다.

$$\begin{aligned} S &= \int_a^b f(x)dx \\ &= [F(x)]_a^b \\ &= F(b)-F(a) \end{aligned}$$

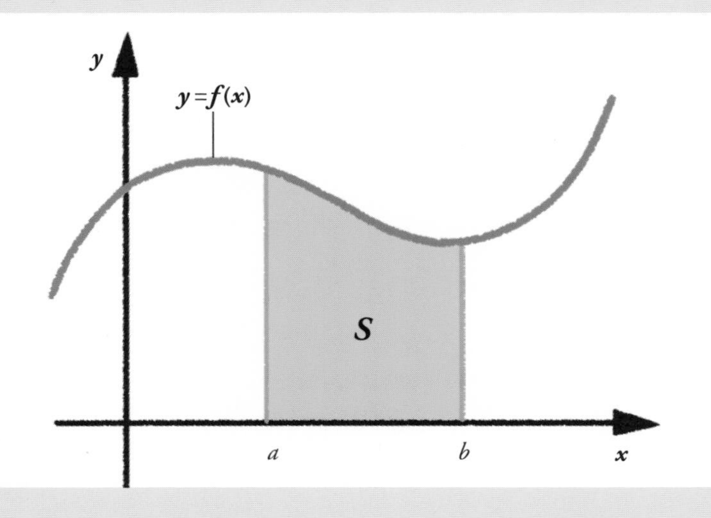

원시함수 F(x)를 구하여
x=b일 때의 값에서 x=a일 때의 값을
빼면 되겠네!

배터리 잔량은 적분으로 계산

미분뿐 아니라 적분도 우리 주변의 다양한 제품에서 사용되고 있다. 예를 들면 스마트폰은 적분을 사용해 배터리 잔량을 계산한다.

스마트폰 배터리는 리튬이온(Li^+)이 밀폐된 '리튬이온 전지'이다. 스마트폰을 충전하면 리튬이온은 전지의 음의 전극으로 이동하고 스마트폰을 사용하면 양의 전극으로 이동한다. **스마트폰은 충전하거나 사용할 때마다 전지 속의 리튬이온이 둘 중 한쪽의 전극으로 이동한 양을 전자회로를 흐른 전기의 총량으로 추측한다.**

이때 사용하는 것이 적분이다. 전자회로를 흐른 전류가 시간에 따라 어떻게 변화하는지를 나타내는 함수를 적분하여 함수의 아랫부분 넓이를 계산한다. **그 넓이가 바로 전자회로로 흐른 전기의 총량이 된다.** 완전히 충전되는 데 필요한 전기의 총량과 충전하거나 사용할 때의 전기의 총량을 비교하면 배터리의 잔량을 알 수 있다.

넓이 = 전자회로를 흐른
전기의 총량
전류
시간
15%

창시자를 둘러싼 진흙탕 싸움

미적분의 창시자로 알려진 인물은 두 사람이 있다. 한 명은 뉴턴이고 다른 한 명은 독일의 철학자이자 수학자인 고트프리트 빌헬름 라이프니츠(1646~1716)이다. **두 사람은 창시자의 자리를 둘러싸고 진흙탕 싸움을 벌였다.**

뉴턴은 1665년 무렵에 미적분의 기본적인 개념을 세운 것으로 보인다. 하지만 바로 공표하지 않고 1704년이 되어서야 비로소 저서 『광학』의 부록인 「구적론」에서 발표했다. 한편 라이프니츠는 직접 미분 계산의 개념을 논문으로 정리하여 1684년에 발표했다. 이런 이유로 격렬한 선취권 분쟁이 일어났다.

요즘의 학회라고 할 수 있는 영국왕립협회는 1713년에 뉴턴을 창시자로 인정했다. 당시의 영국왕립협회 회장이 뉴턴이었던 영향도 있었을 것이다. **뉴턴이 손을 써 라이프니츠가 뉴턴의 성과를 도용한 일을 사과했다고 세상에 알려졌고 라이프니츠는 실의에 빠진 채 1716년 사망하였다.**

뉴턴과 라이프니츠 연표

1642년	뉴턴 탄생
1646년	**라이프니츠** 탄생
1665년	뉴턴, 미적분학의 기본정리 발견
1675년	**라이프니츠**, 미적분학의 기본정리 발견
1676년	**라이프니츠**, 런던을 방문하여 뉴턴의 논문을 읽음 뉴턴과 **라이프니츠**가 편지를 주고받음
1684년	**라이프니츠**, 미분 계산의 기본공식을 논문에 발표
1686년	**라이프니츠**, 미적분학의 기본정리 발표
1699년	뉴턴의 신봉자인 파티오가 라이프니츠가 뉴턴의 아이디어를 훔쳤다고 비난
1704년	뉴턴, 저서 『광학』의 부록인 「구적론」에 미적분의 성과를 처음으로 발표 이때부터 서로 비난전이 심해짐
1711년	**라이프니츠**, 영국왕립협회에 항의문을 보냄
1713년	왕립협회(= 뉴턴)가 미적분의 창시자는 뉴턴이라고 인정함
1716년	**라이프니츠** 사망
1727년	뉴턴 사망

주 : 표의 연도는 현대의 그레고리력이 아니라 당시에 사용하던 율리우스력이다.

고트프리트 빌헬름 라이프니츠

제4장
미적분으로 미래를 알 수 있다

뉴턴은 미분과 적분을 미적분으로 통일했다.
미적분을 사용하여 시간에 따라 변화하는
다양한 현상을 분석하면 미래를 예측할 수 있다.
제4장에서는 미적분으로 미래를 예측한다는 말이
어떤 것인지 자세하게 살펴본다.

1 접선의 기울기가 '속도'를 나타내기도 한다

접선의 기울기는 무엇을 나타낼까?

한 육상 선수가 100m를 12초에 달릴 때 시간과 '거리'의 관계를 그래프 A에 나타냈다. 이 그래프 A의 곡선에 그은 접선의 기울기는 무엇을 의미할까? **사실 이 접선의 기울기는 그 시점에서의 '속도'를 나타낸다.** '시간과 속도의 관계'를 나타낸 것이 그래프 B이다.

접선의 기울기는 무엇을 뜻할까?

거리, 속도, 가속도 사이에는 미분과 적분의 관계가 있다. 미분은 접선의 기울기를 구하고 적분은 그래프의 넓이를 구하는 것이다.

그래프 A(거리)

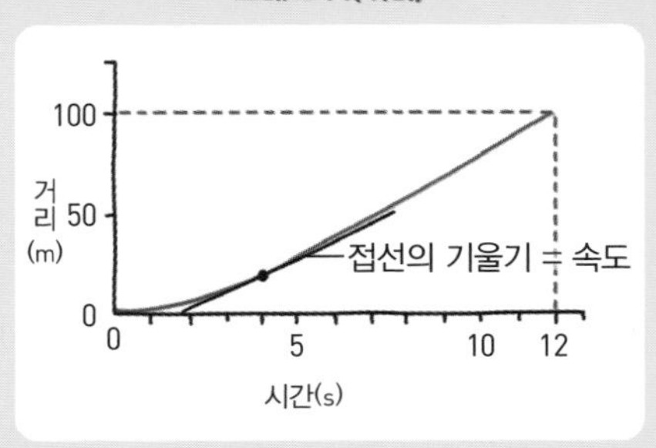

이번에는 그래프 B의 곡선에 접선을 그어보자. 이 접선의 기울기는 '가속도'를 나타낸다. 가속도란 '속도가 변화하는 비율'을 말한다.

거리, 속도, 가속도와 미적분의 관계

정리해서 말하면 '거리'의 함수를 미분하면 '속도'를 구할 수 있고 '속도'의 함수를 미분하면 '가속도'를 구할 수 있다.

또, 미분과 적분은 역의 관계이다. 속도의 함수를 적분하면 거리를 구할 수 있고, 가속도의 함수를 적분하면 속도를 구할 수 있다. 그림에서 보면 그래프 B(속도)의 곡선 아래의 넓이는 달린 거리를 나타낸다.

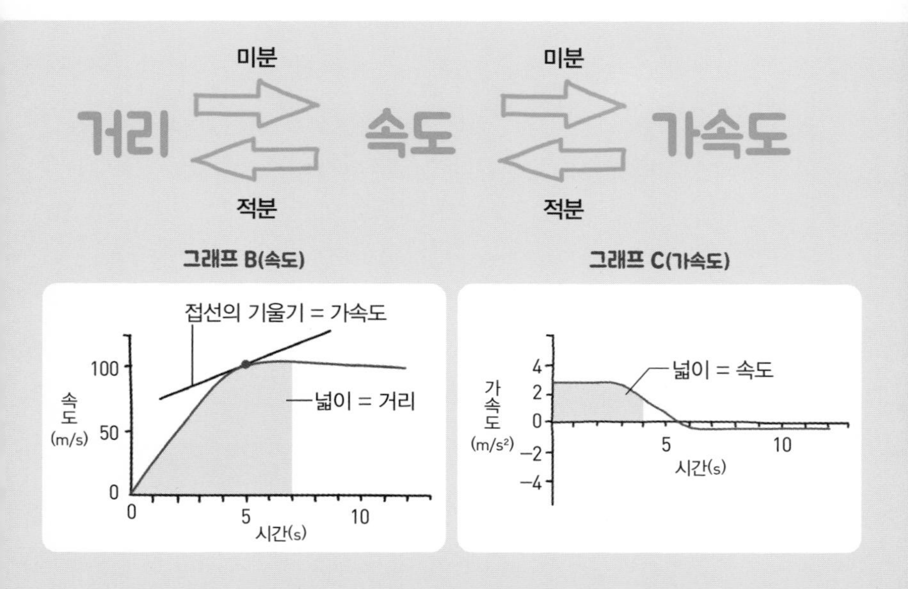

2 로켓의 고도를 예측해보자!

10초 후, 100초 후 물체 고도는 지상 몇 미터일까?

미적분을 사용하면 '미래'를 예측할 수 있다. **예를 들어 지구에서 쏘아 올린 우주선이나 탐사기가 가속이나 감속을 반복하면서 언제 목적지에 도착할지도 예측할 수 있다.**

그것을 실감하는 예로, 지구에서 쏘아 올린 로켓의 고도가 10초 뒤, 그리고 100초 뒤에 어떻게 될지를 계산하는 문제를 준비했다. 함께 풀어보자.

우선, 속도의 함수를 만들자!

문제를 푸는 포인트는 미분과 적분을 시행하면 운동하는 물체의 '거리', '속도', '가속도'를 자유자재로 구할 수 있다는 점이다. 먼저 속도(상승 속도)의 함수를 만들어보자. 속도(상승 속도)의 함수를 적분하면 거리(고도)를 구할 수 있다(푸는 방법과 정답은 114~115쪽).

로켓의 미래의 고도는?

[문제] 로켓이 상승하는 속도(m/s, 1초에 나아가는 거리)가 1초마다 16m/s씩 빨라진다고 해보자.* 발사하고 10초 뒤, 또 100초 뒤에 로켓은 각각 지상 몇 미터에 도달할까?

발사 후 로켓의 속도와 고도

발사 후 시간(s)	상승 속도(m/s)	고도(m)
0	0	0
1	16	8
2	32	32
3	48	72
4	64	128
5	80	200
⋮	⋮	⋮
10	?	?
⋮	⋮	⋮
100	?	?
⋮	⋮	⋮

* 실제 로켓에서는 상승하는 속도가 반드시 1초마다 일정한 속도로 빨라지지는 않는다. 여기서는 계산을 간단하게 하고자 일정하게 두었다.

3 속도의 함수를 적분하면 고도를 알 수 있다!

속도의 함수를 만든다

로켓의 고도는 거리, 속도, 가속도의 관계를 이용하여 구할 수 있다. **우선 로켓은 1초마다 16m/s씩 빨라지므로 시간(x)과 속도(상승 속도)(y)의 관계는 $y=16x$라는 함수로 나타낼 수 있다(그래프 B).** 이 식으로 계산하면 10초 후의 상승 속도는 160m/s, 100초 후의 상승 속도는 1600m/s임을 알 수 있다.

미적분으로 미래를 예측

'속도(상승 속도)'의 함수(그래프 B)를 적분하면, 시간과 상승한 거리의 관계를 알 수 있다. 발사할 때의 고도는 0이므로 '거리(고도)'의 함수는 그래프 A와 같다.

그래프 A(거리)

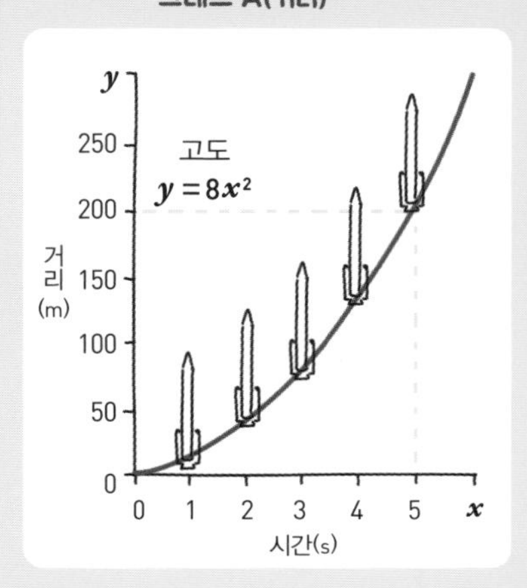

속도의 함수를 적분한다

다음으로 속도(상승 속도)의 함수를 적분하여 거리(고도)를 구한다. 적분은 그래프의 넓이를 구하는 것이다. 그래프 B(속도)의 직선 아래의 넓이는 상승한 거리를 나타낸다.

$y = 16x$를 적분하면 $y = 8x^2 + C$가 된다. 113쪽의 표에서 발사할 때($x = 0$)의 고도(y)는 0이므로 $C = 0$이 된다. **즉, 거리(고도)의 함수는 $y = 8x^2$이다(그래프 A).**

이 식으로 계산하면 문제의 답을 구할 수 있다. 발사 후 10초가 지난 시점의 고도는 $8 \times 10^2 = 800$m, 100초 후의 고도는 $8 \times 100^2 = 80000$m이다.

[답] 발사 후 로켓의 상승 속도와 고도

발사 후 시간(s)	상승 속도(m/s)	고도(m)
10	160	800
100	1600	80000

그래프 B(속도)

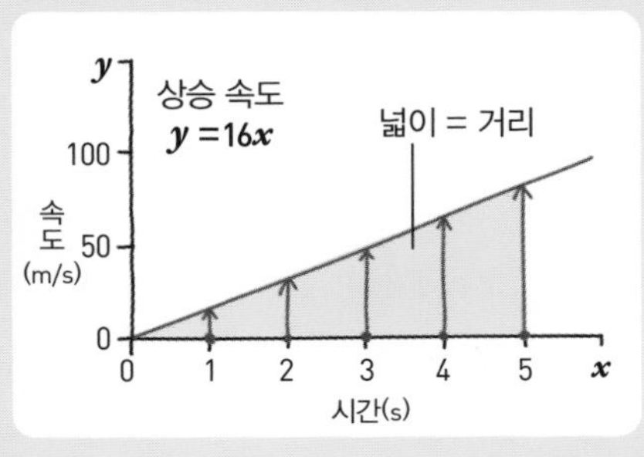

그래프 C(가속도)

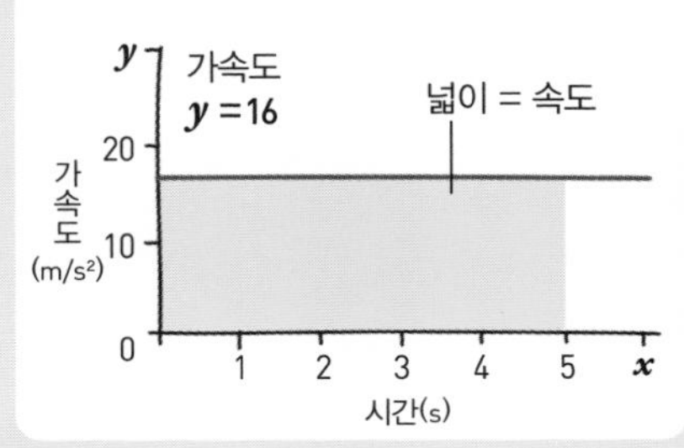

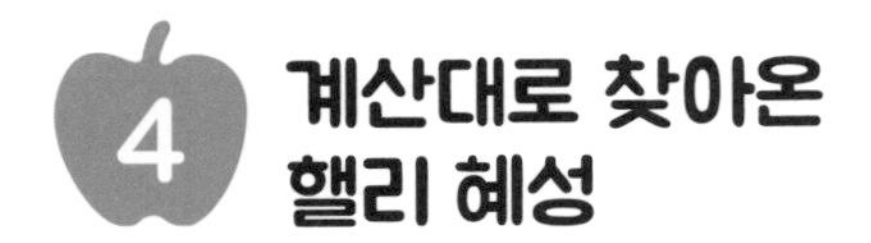

4 계산대로 찾아온 핼리 혜성

혜성의 궤도를 정확하게 계산하다

마지막으로 뉴턴의 미적분의 위력을 세상에 널리 알린 사건을 소개한다. 뉴턴과 친분이 있었던 천문학자인 에드먼드 핼리(1656~1743)는 뉴턴이 만들어낸 미적분의 기법과 물리법칙을 습득했다. 그 지식을 토대로 당시 천문학의 문제 중 하나이던 혜성의 궤도를 계산했다. 그 결과 1531년과 1607년, 1682년에 날아온 혜성의 궤도가 매우 닮았다는 사실을 깨닫고 연구를 한 결과 그것들이 같은 혜성임을 알게 되었다. **그리고 그 궤도를 정확하게 계산하여 "혜성이 1758년 다시 지구에 접근해 올 것이다!"라고 예언했다.** 그 혜성이 바로 '핼리 혜성'이다.

핼리의 예언이 적중!

1758년 크리스마스, 핼리의 예언대로 혜성이 다시 밤하늘에 모습을 드러냈다. 당시 사람들은 혜성을 신비로운 존재로 여기고 불길한 사건의 징조라고 믿고 있었다. 그러나 핼리의 예언 적중으로 뉴턴의 미적분은 미신이나 신비주의를 완전히 깨고 그 정당성과 위력을 보여줄 수 있었다.

1758년 핼리 혜성의 접근

핼리 혜성은 핼리가 예언한 대로 1758년 연말에서 다음 해 1759년에 걸쳐 지구에 접근했다. 그림은 1758년에 핼리 혜성이 지구에 접근했을 때의 태양계 중심부의 모습이다.

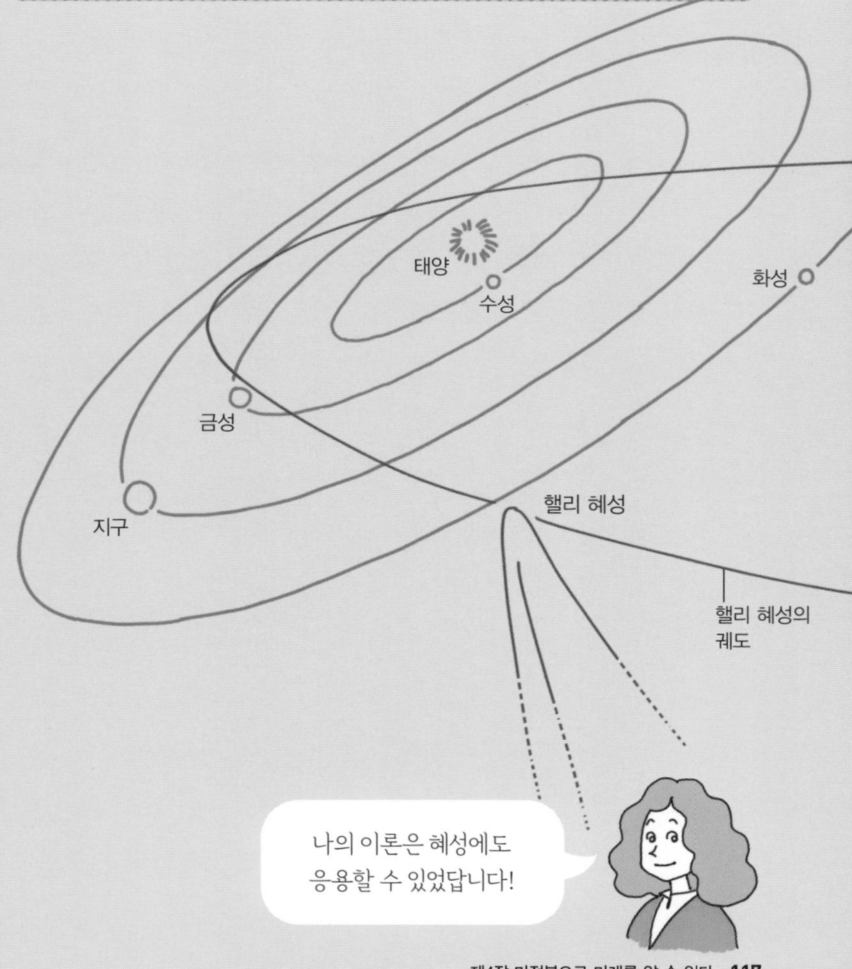

사랑 고백 곡선!

민수 나 위대한 발견을 했어! 바로 '사랑 고백 곡선'이야.

준호 사랑 고백 곡선이 뭔데?

민수 $y=-ax^2+bx$

준호 그게 뭐냐? 너무 간단한데?

민수 잘 들어봐. 이 a는 언제부터 좋아하게 됐는지 시기를 나타내는 건데 1주 전, 2주 전, 3주 전 세 개 중에 고르는 거야. b는 좋아하는 정도를 나타내는 건데 1, 2, 3 이렇게 세 단계가 있어. 한번 골라봐!

Q1 준호에게 최적인 고백 일은 언제이며, 목소리 크기는 어느 정도로 해야 할까?

이것이 '사랑 고백 곡선'이야!

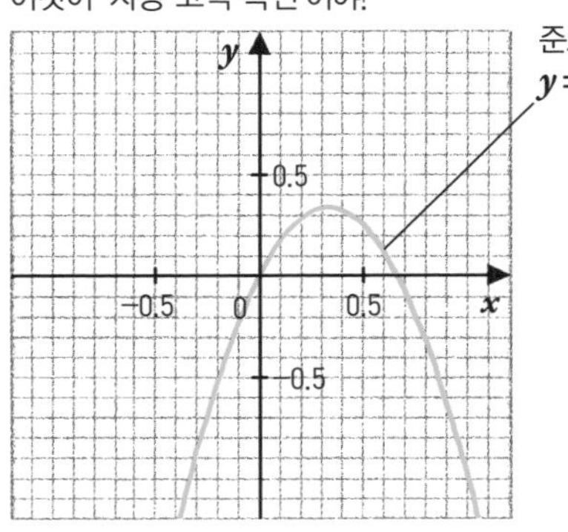

준호 식은 너무 간단하고 선택지가 너무 적은걸! 시기는 꽤 오래됐으니까 3으로 할까? 좋아하는 정도는 2면 되겠다.

민수 오케이! a는 3, b는 2니까 $y=-3x^2+2x$가 되네. 이 곡선의 정점의 x좌표가 바로 고백할 타이밍이고, y좌표는 고백에 적당한 목소리의 크기가 되는 거야!

준호 엥? 목소리 크기가 무슨 상관이야?

민수 그럼, 여기서 문제!

Q2 민수는 사랑 고백 곡선과 축으로 둘러싸인 부분의 넓이를 '사랑 성취 넓이'라고 한다. 준호의 사랑 성취 넓이를 계산해보자.

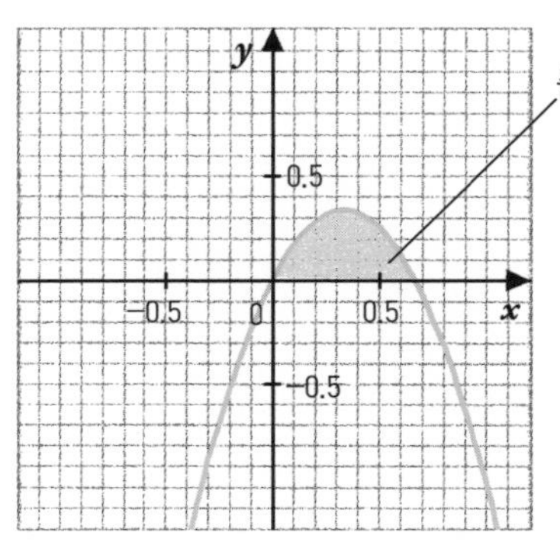

고백 대성공!?

민수 계산해보면 사랑 고백 일은 $\frac{1}{3}$일 후, 그러니까 8시간 후네. 목소리 크기는 평소의 $\frac{1}{3}$이야. 그러면 사랑 성취 넓이는 $\frac{4}{27}$가 되는 거지!

준호 8시간 후라니, 한밤중이잖아! 전화로 해도 되는 거야? 그리고 목소리 크기가 $\frac{1}{3}$이면 잘 안 들리겠는데……. 사랑 성취 넓이가 $\frac{4}{27}$라는 건 무슨 소린지 전혀 모르겠다!

민수 됐어, 됐어. 결과는 내일 말해줘.

A1
고백 일 ………… $\frac{1}{3}$ 일 후
목소리 크기 …… 평소의 $\frac{1}{3}$

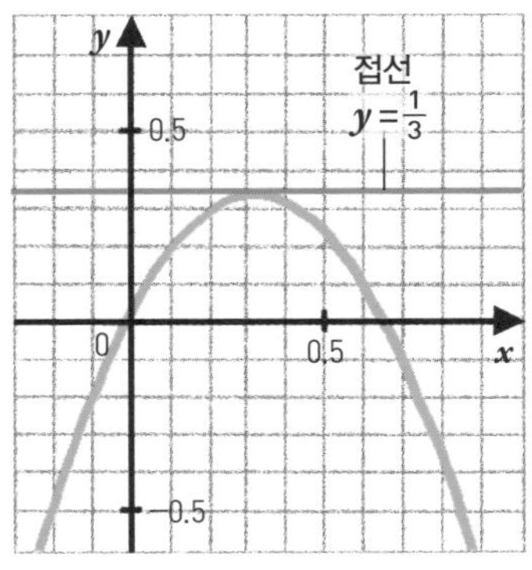

구하려는 것은 $y = -3x^2+2x$의 정점 좌표이다.
2차 함수 그래프 정점의 접선은 기울기가 0이다.
$y=-3x^2+2x$를 미분하면 $y'=-6x+2$가 된다.
정점에 접하는 접선은 기울기가 0이다.
즉, $y'=0$이므로 $0=-6x+2$이다.
이 방정식을 풀면 정점의 x좌표는 $x=\frac{1}{3}$임을 알 수 있다.
정점의 x좌표를 원래의 곡선 $y = -3x^2+2x$에 대입하면, 정점의 y좌표는 $y=\frac{1}{3}$임을 알 수 있다.

다음 날

민수 어땠냐?

준호 목소리가 하나도 안 들린다잖아…….

민수 그랬군. 사랑 성취 넓이가 너무 작긴 했지. 사랑 고백 곡선에서 a와 b 조합은 아홉 가지가 있잖아. 어떤 조합일 때 넓이가 제일 커지는지 한번 해볼까?

준호 됐다고!!

A2 사랑 성취 넓이 … $\frac{4}{27}$

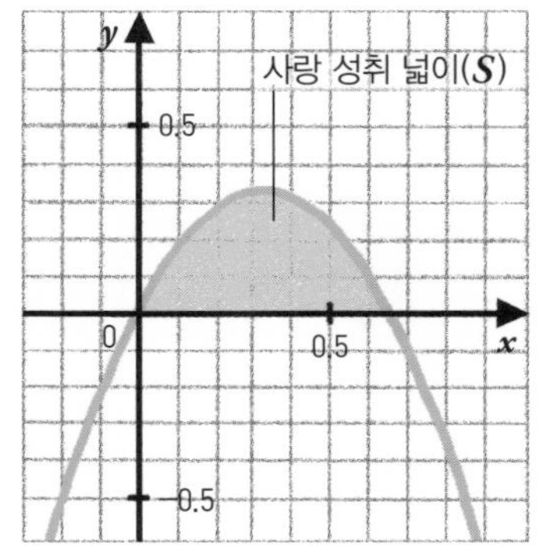

구하려는 것은 $y=-3x^2+2x$와 x축($y=0$)으로 둘러싸인 영역의 넓이 S이다.
$y=-3x^2+2x$와 x축의 교점은 $y=-3x^2+2x$에 $y=0$을 대입해보면 $(0, 0)$과 $(\frac{2}{3}, 0)$임을 알 수 있다.
S는 $y=-3x^2+2x$의 $x=0$에서 $x=\frac{2}{3}$까지의 정적분으로 구할 수 있다.

$$
\begin{aligned}
S &= \int_0^{\frac{2}{3}}(-3x^2+2x)dx \\
&= \left[-x^3+x^2\right]_0^{\frac{2}{3}} \\
&= \left\{-\left(\frac{2}{3}\right)^3+\left(\frac{2}{3}\right)^2\right\}-\left\{-(0)^3+(0)^2\right\}=\frac{4}{27}
\end{aligned}
$$

$S=\frac{4}{27}$이다.

그 나무

귀환

뉴턴은 이런 사람

해변에서 놀고 있는 소년

뉴턴은 수학이나 자연과학 분야에서 많은 업적을 남길 수 있었던 이유를 묻는 질문에 **"내가 다른 사람보다 멀리 내다볼 수 있었던 것은 거인의 어깨 위에 올라타고 있었기 때문이다"라고 답했다.** 이 말은 앞선 과학자들을 칭송하는 말이었다.

자신에 대해서는 **"해변에서 놀고 있는 소년에 불과하다", "눈 앞에 펼쳐진 진리의 바다는 알아채지 못하고 신기하고 매끈한 조약돌이나 예쁜 조개껍데기를 발견하고 기뻐하는 소년 같다"**라고 말했다고 한다. 몇 가지 수수께끼는 풀었지만, 아직 진리의 발견에는 도달하지 못했다는 겸허한 자세를 보여준다.

뉴턴이 이러한 말들을 한 배경에는 신에 대한 경외의 마음이 있었을 것이다. 뉴턴은 성서 연구도 열심히 하여 신에 관해 쓴 글이 수학이나 물리학에 관한 글보다 많았다고 한다. 뉴턴은 수학이나 물리학을 신이 만든 세계를 해석하기 위한 언어라고 생각했을지도 모르겠다.

Staff

Editorial Management 기무라 나오유키
Editorial Staff 이데 아키라
Cover Design 미야카와 에리
Editorial Cooperation 주식회사 미와 기획(오쓰카 겐타로, 사사하라 요리코), 아라후네 요시타카, 구로다 겐지, 고모리 쓰네오

일러스트

11 Newton Press, 요시마스 마리코
13 Newton Press, 요시마스 마리코
15 고바야시 미노루의 일러스트를 토대로 Newton Press가 작성
16 요시마스 마리코
18~19 Newton Press
19 요시마스 마리코
21 요시마스 마리코
23 Newton Press, 요시마스 마리코
25 요시마스 마리코
26~27 Newton Press
29 Newton Press
30 요시마스 마리코
30~31 Newton Press
31 요시마스 마리코
32~35 Newton Press
35 요시마스 마리코
36~37 하다 노노카
38 요시마스 마리코
41 Newton Press, 요시마스 마리코
43 Newton Press, 요시마스 마리코
45~47 Newton Press
47 요시마스 마리코
48~49 Newton Press
49 요시마스 마리코
50~51 Newton Press
51 요시마스 마리코
52~53 Newton Press
53 요시마스 마리코
55 요시마스 마리코
57 Newton Press
59 Newton Press, 요시마스 마리코
61 요시마스 마리코
62 하다 노노카
63 Newton Press, 하다 노노카, 요시마스 마리코
65 Newton Press, 요시마스 마리코
67 Newton Press, 요시마스 마리코
69 Newton Press, 요시마스 마리코
71 요시마스 마리코
73 요시마스 마리코
74~75 하다 노노카
76 요시마스 마리코
78~79 Newton Press
79 하다 노노카
81~83 Newton Press
87 Newton Press
89 Newton Press
91 Newton Press
92~93 Newton Press
93 요시마스 마리코
94 하다 노노카
95 Newton Press, 하다 노노카
96 하다 노노카
97 Newton Press, 하다 노노카
99 Newton Press, 요시마스 마리코
101 Newton Press
103 Newton Press, 요시마스 마리코
105 요시마스 마리코
107 요시마스 마리코
108 요시마스 마리코
110~111 Newton Press
113 하다 노노카
114~115 Newton Press
117 Newton Press, 하다 노노카
118~121 요시마스 마리코
122~123 하다 노노카
125 요시마스 마리코

감수

다카하시 슈유(다이쇼대학 인간학부 교수)

별책 기사 협력

다카하시 슈유(다이쇼대학 인간학부 교수)

본서는 Newton 별책 『미분과 적분』의 기사를 일부 발췌하고 대폭적으로 추가·재편집을 하였습니다.

지식 제로에서 시작하는
수학 개념 따라잡기

미적분의 핵심

1판 1쇄 펴낸날 2020년 11월 25일
1판 4쇄 찍은날 2024년 8월 16일

지은이 | Newton Press
옮긴이 | 이선주
펴낸이 | 정종호
펴낸곳 | 청어람e

편집 | 홍선영
마케팅 | 강유은
제작·관리 | 정수진
인쇄·제본 | (주)성신미디어

등록 | 1998년 12월 8일 제22-1469호
주소 | 04045 서울특별시 마포구 양화로56(서교동, 동양한강트레벨) 1122호
이메일 | chungaram_e@naver.com
전화 | 02-3143-4006~8
팩스 | 02-3143-4003

ISBN 979-11-5871-149-8 44410
979-11-5871-148-1 44410(세트번호)

잘못된 책은 구입하신 서점에서 바꾸어 드립니다.
값은 뒤표지에 있습니다.

청어람 e))는 미래세대와 함께하는 출판과 교육을 전문으로 하는 청어람미디어의 브랜드입니다.
어린이, 청소년 그리고 청년들이 현재를 돌보고 미래를 준비할 수 있도록 즐겁게 기획하고 실천합니다.